乡村生产生活热点解答 系列

农村环境保护

你问我答

NONGCUN HUANJING BAOHU
NIWEN WODA

杨博琼　编著

U0231740

中国科学技术出版社
·北　京·

图书在版编目（CIP）数据

农村环境保护你问我答 / 杨博琼编著. —北京：
中国科学技术出版社，2019.3

ISBN 978-7-5046-7948-2

Ⅰ. ①农… Ⅱ. ①杨… Ⅲ. ①农业环境保护—中国—问题解答
Ⅳ. ① X322-44

中国版本图书馆 CIP 数据核字（2019）第 056106 号

策划编辑	张　金　乌日娜
责任编辑	王双双
装帧设计	中文天地
责任校对	焦　宁
责任印制	徐　飞

出　　版	中国科学技术出版社
发　　行	中国科学技术出版社发行部
地　　址	北京市海淀区中关村南大街 16 号
邮　　编	100081
发行电话	010-62173865
传　　真	010-62173081
网　　址	http://www.cspbooks.com.cn

开　　本	889mm×1194mm　1/32
字　　数	63 千字
印　　张	3
版　　次	2019 年 3 月第 1 版
印　　次	2019 年 3 月第 1 次印刷
印　　刷	北京盛通印刷股份有限公司
书　　号	ISBN 978-7-5046-7948-2 / X·138
定　　价	16.00 元

目录 | Contents

我国农村环境总述

　　我国是农业大国，有着 5 000 多年的农耕文明，农业更是成了国民经济的基础，所以农村环境是农村经济乃至城市经济发展的物质基础，而农村环境污染则是对这一基础的动摇。经济发展和环境保护在农村中一直存在着矛盾，如何在经济发展的同时，保护农村环境不遭到严重破坏，这个问题长期困扰着我们。农村环境受到污染不仅会使农民自身生活质量降低，还会通过粮食与蔬菜等农产品的供给，导致全民"菜篮子"和"米袋子"的安全保障受到威胁。城乡环境污染治理水平的巨大差距是经济规律之下的一种市场行为，而这种市场行为的背后，则突显出我国农村环境污染的治理滞后和治污不力问题。

Q1 我国农村环境污染的原因主要有哪些？

　　（1）乡镇企业带来工业污染　在农村经济快速增长的过程中，乡镇企业在提高生产力、帮助农民致富及城镇化等方面起到了至关重要的作用。在城市化的发展过程中，我国农村的生产力大大解放，农业的迅速发展让农民生活水平得到提高。农村就地城市化成为我国城市化的一大特色，但这却是以牺牲环境为代价换得的，城市化的进程带来了农村生态环境的严重破坏。

　　随着城市对生态环境问题的重视，城市在选择企业方面会进行污染预测，通过抬高"生态门槛"，迫使污染企业远离城市。在这种情况下，这些企业向农村地区转移，其污染物直接影响了农村的生态环境，造成农村生态环境的恶化。量多面大的乡镇企业给农村环境带来了工业废气、工业废水、工业固态污染物，这些增长迅速的工业污染源很快就威胁到了农村生态环境。加上乡镇企业的技术水平和管理水平较低，农村污染可谓是雪上加霜。

（2）城市污染物带来的污染　大量城市污染物直接排放到农村地区，极大地破坏了农村地区的生态环境。有研究表明，全国超过 80% 的城市污水未经处理直接排入水体，这造成了约 1/3 以上的河段受到了不同程度的污染，严重危及农业灌溉用水；另外，全国约 90% 的城市垃圾的处理方式是在郊区或农村填埋、堆放，一方面占用了大量宝贵的土地资源，另一方面也对周边地区的水体、土壤和空气造成了严重的污染。

（3）农民对环境保护重视度不够　受传统观念影响，农民对环境保护的重视度不够，对环境污染所带来的危害了解相对匮乏，因此在自身生产生活中对农业环境也造成了污染。例如，生活垃圾随意处理难制止、生活污水无序排放污染水资源、牲畜未集中圈养使得粪便污染严重、化肥农药的过量使用、农业废物的不恰当处理等，这都使生态环境受到了严重的污染。但是，很多农民却意识不到这种习以为常的种植方式和生活模式会给自己赖以生存的自然环境带来什么样的后果。

农村更注重眼前的经济效益而不注重环境保护，使得农村环境污染问题越发严重，同时也在制约着农村经济的健康可持续发展。因而在发展农业的同时，我们要平衡好自然与建设的关系，不能只追求依靠土地获得一时的经济效益，也应将农村生态文明的建设工作放在更重要的位置上，这样才能改变农村环境治理停滞落后的发展局面。

Q2 治理农村环境污染的方法主要有哪些？

（1）制定环境保护法律，明确环境污染责任　依照国家各项环境保护法律，针对各地方实际污染情况，制定完善全面的环境保护制度。制度需涵盖种植业、养殖业、乡镇企业等方面，明确规定污染环境者的法律责任，对严重污染环境的人或企业进行责任追究，让环境整治人员有法可依、有法可执；要健全乡镇一级的环境保护机制，明确各部门的环境保护职责，这样才能保证法律及行政手段的实施。

（2）强化宣传教育工作，提高群众环保意识　加强各级领导和有关部门对环境污染治理工作的危机意识与责任意识，提高对环境治理工作的重视程度，更有效地推进地方环境保护宣传工作，让普通农民了解到保护环境的意义所在，意识到环境污染与自身生产生活的利害关系，让农民群众从思想上重视环境保护。

（3）完善基础设施建设，无害化处理废弃物　依据农村住所的集中程度，综合考虑交通、废弃物处理能力等，设立覆盖范围合理的固定废弃物中转站，并配备相应的工作人员及运输车辆、机器设备等。此外，由于人畜粪便需经无害化处理后才能用于农业生产，所以规模化养殖场应大力推广粪便的干、湿分离处理：干粪回收用于生产有机肥，废水则进入沼气池产生沼气。实现垃圾与废料的循环再利用，既达到了零排放的目标，又创造了经济价值。建立垃圾填埋场和污水处理厂，实现生活垃圾的无害化处理。

（4）监督企业污染管理，减少工业源头污染　一要加快产业结构调整，从源头处控制污染。对于不符合产业政策、违背清洁生产目标、可能污染生态环境的项目坚决不予审批。二要加大对工业企业的监管力度，多方面、全方位的评价，控制工业企业各类污染物的排放，防止地下水被工业废水污染。对影响环境质量的污染源严格监督和查处，严格督查企业是否具有相关环保设备。

鼓励企业研发新工艺，降低原材料和能源的损耗。三要结合美丽乡村建设，协同各级各职能部门，对研发和使用新型环保技术设施的优秀企业，在政策和资金上予以扶持。

（5）引导环保技术运用，加快农村生态建设　向农民普及化肥、农药的实用知识，提高化肥、农药的使用效率，防止因流失而造成环境污染。可以在测土配方施肥的基础上，扩大作物种植种类，提高作物的质量。加强农药和化肥市场监管，推动高效、安全、低害农药或化肥的使用，培育绿色食品、无公害农产品及有机农产品。指导农户使用污染处理推荐技术，提高可再生能源使用率，加快农业模式向生态化建设转型。

（6）增加政府资金投入，提高环境整治条件　由于农村环境污染问题复杂、责任主体较多、污染情况严重，其管理难度较大，而且其本身具有的公益性使得社会投资较少，对社会资金缺乏吸引力，在经济回报上就给人"得不偿失"的印象。若政府在资金供给方面投入较少，农村环境污染问题中所需要的技术支持、管理人员、治理设施建设等方面的投入都会大大缩水，就会加剧地方政府对农村环境污染整治不利、管制无效的僵硬局面。

Q3 如何开展环境保护宣传和整治工作？

（1）环境保护宣传工作　首先，环境保护并非小事，需要让村民从思想上重视起来，这就需要政府花费时间和精力去改变他们原有的想法。政府可以针对农村各年龄阶段人的不同特点，开展环境保护的宣传工作。例如，对于学生，政府可以和学校进行沟通，给学校里的学生开设环保课，从小培养他们的环境保护意识；对于中年人，政府可以给他们开展知识讲座，讲解关于生产或生活的垃圾应如何正确处理的问题，让他们对于如何在生活中保护环境有基本的了解。其次，新闻媒体也应当开展环境保护法律法规和环境保护知识的宣传，对破坏环境的违法行为进行舆论监督。再次，村干部在环境保护宣传工作中不能脱离群众，要让村民配合环保知识和法律知识的宣传工作。最后，为调动农民保护环境的积极性，还可以进行"环保标兵"的评比，对在环保方面身体力行的人发放奖金或其他物质奖励。

（2）环境整治工作　首先，要选拔肯为农村环境出谋划策的实干人才，制定一定的绩效考核指标。其次，定期组织环境整治人员的培训工作，如在农业种植中如何提高化肥和农药的使用效率，让他们能熟练掌握一些贴近农民实际生产生活的环境保护技术，更有效率地切实服务于环境保护工作，在环境整治的同时为农民生产生活出谋划策。最后，村干部要经常与村民沟通，让他们理解并且配合环境整治人员的工作，让环境整治措施能落实到位。

Q4　当农民的环境利益被损害时，表达渠道有哪些？

（1）人大、政协　我国实行人民代表大会制度，人民代表代表人民统一行使国家权力。各级人大代表通过各种方式了解群众意见，并在各级人民代表大会上反映。中共领导的多党合作和政治协商制度也是我国的特色制度，各政协委员也会关注农民的呼声，反映农民的要求。

（2）信访　信访渠道，是指便利公民、法人或者其他组织反映情况，提出建议、意见或者投诉请求的信访救济途径。通过信访制度，农民向上级反映情况，希望自己的问题得到解决，从而促进内部和谐，维护农民的利益，保障农民利益充分表达。

（3）环保部门　在国家这一层次，环境保护行政主管部门是生态环境部。环保部门负责环境问题，有一定执法权。当农民环境利益被损害时，农民可以找环保部门相关负责人真实反映情况进行投诉，也可以拨打国家生态环境保护部全国统一环境污染投诉电话进行上报。

（4）新闻媒体　被称为"拥有第四种权利"的媒体，也是农民利益表达的重要途径之一。媒体往往会通过一些调查和采访，向社会反映一些农民最关心的问题，揭露一些社会中不和谐的现象，从而使农民的呼声得到关注。

（5）农民组织　农民组织是指代表农民利益的组织，农民可以通过农民组织表达自己的意愿。

我国农村环境保护制度

二

我国目前已有诸多关于环境保护的法律法规，如《中华人民共和国环境保护法》（以下简称《环境保护法》）、《中华人民共和国水污染防治法》（以下简称《水污染防治法》）、《中华人民共和国大气污染防治法》（以下简称《大气污染防治法》）、《中华人民共和国固体废物污染环境防治法》（以下简称《固体废物污染环境防治法》）、《中华人民共和国农业法》（以下简称《农业法》）等。但是，在农村的生态环境管理和污染治理实际操作中仍然存在着大量难以解决的问题，包括相关机构的法律地位不稳定、权责不明确等。

《中华人民共和国环境保护税法》（以下简称《环境保护税法》）已由中华人民共和国第十二届全国人民代表大会常务委员会第二十五次会议于 2016 年 12 月 25 日通过，自 2018 年 1 月 1 日起施行。

Q1 《环境保护法》中有关农村环境保护的内容主要有哪些？

《环境保护法》作为我国环境保护领域的一项基本法律，为我国环境保护各项工作提供了依据与指导，发挥着基础性的作用。它对环境保护的目标、基本原则、基本制度和违法责任等做出了原则性和指导性的规定，极大地推动了环境单行法律、法规的创建，为相关法律体系的完善奠定了基础，使我国环境保护事业继而进入法律化阶段。

环境，是指影响人类生存和发展的各种天然的和经过人工改造的自然因素的总体，包括大气、水、海洋、土地、矿藏、森林、草原、湿地、野生生物、自然遗迹、人文遗迹、自然保护区、风景名胜区、城市和乡村等。

①环境保护坚持保护优先、预防为主、综合治理、公众参与、损害担责的原则。

②一切单位和个人都有保护环境的义务。地方各级人民政府应当对本行政区域的环境质量负责。企业事业单位和其他生产经营者应当防止、减少环境污染和生态破坏，对所造成的损害依法承担责任。公民应当增强环境保护意识，采取低碳、节俭的生活方式，自觉履行环境保护义务。

③各级人民政府应当加强环境保护宣传和普及工作，鼓励基层群众性自治组织、社会组织、环境保护志愿者开展环境保护法律法规和环境保护知识的宣传，营造保护环境的良好风气。教育行政部门、学校应当将环境保护知识纳入学校教育内容，培养学生的环境保护意识。新闻媒体应当开展环境保护法律法规和环境保护知识的宣传，对环境违法行为进行舆论监督。

④各级人民政府应当加强对农业环境的保护，促进农业环境保护新技术的使用，加强对农业污染源的监测预警，统筹有关部门采取措施，防治土壤污染和土地沙化、盐渍化、贫瘠化、石漠化、地面沉降以及防治植被破坏、水土流失、水体富营养化、水源枯竭、种源灭绝等生态失调现象，推广植物病虫害的综合防治。县级、乡级人民政府应当提高农村环境保护公共服务水平，推动农村环境综合整治。

⑤城乡建设应当结合当地自然环境的特点，保护植被、水域和自然景观，加强城市园林、绿地和风景名胜区的建设与管理。

⑥各级人民政府及其农业等有关部门和机构应当指导农业生产经营者科学种植和养殖，科学合理施用农药、化肥等农业投入

品，科学处置农用薄膜、农作物秸秆等农业废弃物，防止农业面源污染。禁止将不符合农用标准和环境保护标准的固体废物、废水施入农田。施用农药、化肥等农业投入品及进行灌溉，应当采取措施，防止重金属和其他有毒有害物质污染环境。畜禽养殖场、养殖小区、定点屠宰企业等的选址、建设和管理应当符合有关法律法规规定。从事畜禽养殖和屠宰的单位和个人应当采取措施，对畜禽粪便、尸体和污水等废弃物进行科学处置，防止污染环境。县级人民政府负责组织农村生活废弃物的处置工作。

⑦各级人民政府应当在财政预算中安排资金，支持农村饮用水水源地保护、生活污水和其他废弃物处理、畜禽养殖和屠宰污染防治、土壤污染防治和农村工矿污染治理等环境保护工作。

Q2 《水污染防治法》中有关农村环境保护的内容主要有哪些？

《水污染防治法》首次以法律的形式明确水污染防治工作在国民经济和社会发展规划中的地位。《水污染防治法》规定："县级以上人民政府应当将水环境保护工作纳入国民经济和社会发展规划。"该法将环境保护明确纳入经济与社会发展的评价体系中，不仅细化和完善了水污染防治管理制度体系，还将地方政府水污染防治的权利和责任加以明确；同时提高了违法行为的法律责任，进一步增加了环保部门的执法权限。

①水污染防治应当坚持预防为主、防治结合、综合治理的原则，优先保护饮用水水源，严格控制工业污染、城镇生活污染，防治农业面源污染，积极推进生态治理工程建设，预防、控制和减少水环境污染和生态破坏。

②县级以上人民政府应当将水环境保护工作纳入国民经济和社会发展规划。

③国家支持农村污水、垃圾处理设施的建设，推进农村污水、垃圾集中处理。地方各级人民政府应当统筹规划建设农村污水、垃圾处理设施，并保障其正常运行。

④制定化肥、农药等产品的质量标准和使用标准，应当适应水环境保护要求。

⑤使用农药，应当符合国家有关农药安全使用的规定和标准。运输、存贮农药和处置过期失效农药，应当加强管理，防止造成水污染。

⑥县级以上地方人民政府农业主管部门和其他有关部门，应当采取措施，指导农业生产者科学、合理地施用化肥和农药，推广测土配方施肥技术和高效低毒低残留农药，控制化肥和农药的过量使用，防止造成水污染。

⑦国家支持畜禽养殖场、养殖小区建设畜禽粪便、废水的综合利用或者无害化处理设施。畜禽养殖场、养殖小区应当保证其畜禽粪便、废水的综合利用或者无害化处理设施正常运转，保证污水达标排放，防止污染水环境。畜禽散养密集区所在地县、乡级人民政府应当组织对畜禽粪便污水进行分户收集、集中处理利用。

⑧从事水产养殖应当保护水域生态环境，科学确定养殖密度，合理投饵和使用药物，防止污染水环境。

⑨农田灌溉用水应当符合相应的水质标准，防止污染土壤、地下水和农产品。禁止向农田灌溉渠道排放工业废水或者医疗污水。向农田灌溉渠道排放城镇污水以及未综合利用的畜禽养殖废水、农产品加工废水的，应当保证其下游最近的灌溉取水点的水

质符合农田灌溉水质标准。

Q3 《大气污染防治法》中有关农村环境保护的内容主要有哪些？

《大气污染防治法》对我国大气污染防治的监督管理体制，燃煤和其他面源污染防治、工业污染防治、机动车船等污染防治、扬尘污染防治、农业和其他污染防治的措施、法律责任等均做了较为明确、具体的规定。

①防治大气污染，应当以改善大气环境质量为目标，坚持源头治理，规划先行，转变经济发展方式，优化产业结构和布局，调整能源结构。防治大气污染，应当加强对燃煤、工业、机动车船、扬尘、农业等大气污染的综合防治，推行区域大气污染联合防治，对颗粒物、二氧化硫、氮氧化物、挥发性有机物、氨等大气污染物和温室气体实施协同控制。

②县级以上人民政府应当将大气污染防治工作纳入国民经济和社会发展规划，加大对大气污染防治的财政投入。地方各级人民政府应当对本行政区域的大气环境质量负责，制定规划，采取措施，控制或者逐步削减大气污染物的排放量，使大气环境质量达到规定标准并逐步改善。

③地方各级人民政府应当推动转变农业生产方式，发展农业循环经济，加大对废弃物综合处理的支持力度，加强对农业生产经营活动排放大气污染物的控制。

④农业生产经营者应当改进施肥方式，科学合理施用化肥并按照国家有关规定使用农药，减少氨、挥发性有机物等大气污染物的排放。禁止在人口集中地区对树木、花草喷洒剧毒、高毒

农药。

⑤畜禽养殖场、养殖小区应当及时对污水、畜禽粪便和尸体等进行收集、贮存、清运和无害化处理，防止排放恶臭气体。

⑥各级人民政府及其农业行政等有关部门应当鼓励和支持采用先进适用技术，对秸秆、落叶等进行肥料化、饲料化、能源化、工业原料化、食用菌基料化等综合利用，加大对秸秆还田、收集一体化农业机械的财政补贴力度。县级人民政府应当组织建立秸秆收集、贮存、运输和综合利用服务体系，采用财政补贴等措施支持农村集体经济组织、农民专业合作经济组织、企业等开展秸秆收集、贮存、运输和综合利用服务。

⑦省、自治区、直辖市人民政府应当划定区域，禁止露天焚烧秸秆、落叶等产生烟尘污染的物质。

Q4 《固体废物污染环境防治法》中有关农村环境保护的内容主要有哪些？

①国家对固体废物污染环境的防治，实行减少固体废物的产生量和危害性、充分合理利用固体废物和无害化处置固体废物的原则，促进清洁生产和循环经济发展。国家采取有利于固体废物综合利用活动的经济、技术政策和措施，对固体废物实行充分回收和合理利用。国家鼓励、支持采取有利于保护环境的集中处置固体废物的措施，促进固体废物污染环境防治产业发展。

②县级以上人民政府应当将固体废物污染环境防治工作纳入国民经济和社会发展计划，并采取有利于固体废物污染环境防治的经济、技术政策和措施。国务院有关部门、县级以上地方人民政府及其有关部门组织编制城乡建设、土地利用、区域开发、产

业发展等规划，应当统筹考虑减少固体废物的产生量和危害性、促进固体废物的综合利用和无害化处置。

③产生固体废物的单位和个人，应当采取措施，防止或者减少固体废物对环境的污染。

④使用农用薄膜的单位和个人，应当采取回收利用等措施，防止或者减少农用薄膜对环境的污染。

⑤从事畜禽规模养殖应当按照国家有关规定收集、贮存、利用或者处置养殖过程中产生的畜禽粪便，防止污染环境。禁止在人口集中地区、机场周围、交通干线附近以及当地人民政府划定的区域露天焚烧秸秆。

⑥农村生活垃圾污染环境防治的具体办法，由地方性法规规定。

Q5 **《农业法》中有关农村环境保护的内容主要有哪些？**

①发展农业和农村经济必须合理利用和保护土地、水、森林、草原、野生动植物等自然资源，合理开发和利用水能、沼气、太阳能、风能等可再生能源和清洁能源，发展生态农业，保护和改善生态环境。县级以上人民政府应当制定农业资源区划或者农业资源合理利用和保护的区划，建立农业资源监测制度。

②农民和农业生产经营组织应当保养耕地，合理使用化肥、农药、农用薄膜，增加使用有机肥料，采用先进技术，保护和提高地力，防止农用地的污染、破坏和地力衰退。县级以上人民政府农业行政主管部门应当采取措施，支持农民和农业生产经营组织加强耕地质量建设，并对耕地质量进行定期监测。

③各级人民政府应当采取措施，加强小流域综合治理，预防

和治理水土流失。从事可能引起水土流失的生产建设活动的单位和个人，必须采取预防措施，并负责治理因生产建设活动造成的水土流失。

④各级人民政府应当采取措施，预防土地沙化，治理沙化土地。国务院和沙化土地所在地区的县级以上地方人民政府应当按照法律规定制定防沙治沙规划，并组织实施。

⑤国家实行全民义务植树制度。各级人民政府应当采取措施，组织群众植树造林，保护林地和林木，预防森林火灾，防治森林病虫害，制止滥伐、盗伐林木，提高森林覆盖率。国家在天然林保护区域实行禁伐或者限伐制度，加强造林护林。

⑥有关地方人民政府，应当加强草原的保护、建设和管理，指导、组织农（牧）民和农（牧）业生产经营组织建设人工草场、饲草饲料基地和改良天然草原，实行以草定畜，控制载畜量，推行划区轮牧、休牧和禁牧制度，保护草原植被，防止草原退化沙化和盐渍化。

⑦禁止毁林毁草开垦、烧山开垦以及开垦国家禁止开垦的陡坡地，已经开垦的应当逐步退耕还林、还草。禁止围湖造田以及围垦国家禁止围垦的湿地，已经围垦的应当逐步退耕还湖、还湿地。对在国务院批准规划范围内实施退耕的农民，应当按照国家规定予以补助。

⑧各级人民政府应当采取措施，依法执行捕捞限额和禁渔、休渔制度，增殖渔业资源，保护渔业水域生态环境。国家引导、支持从事捕捞业的农（渔）民和农（渔）业生产经营组织从事水产养殖业或者其他职业，对根据当地人民政府统一规划转产转业的农（渔）民，应当按照国家规定予以补助。

⑨国家建立与农业生产有关的生物物种资源保护制度，保护

生物多样性，对稀有、濒危、珍贵生物资源及其原生地实行重点保护。从境外引进生物物种资源应当依法进行登记或者审批，并采取相应安全控制措施。农业转基因生物的研究、试验、生产、加工、经营及其他应用，必须依照国家规定严格实行各项安全控制措施。

⑩各级农业行政主管部门应当引导农民和农业生产经营组织采取生物措施或者使用高效低毒低残留农药、兽药，防治动植物病、虫、杂草、鼠害。农产品采收后的秸秆及其他剩余物质应当综合利用，妥善处理，防止造成环境污染和生态破坏。从事畜禽等动物规模养殖的单位和个人应当对粪便、废水及其他废弃物进行无害化处理或者综合利用，从事水产养殖的单位和个人应当合理投饵、施肥、使用药物，防止造成环境污染和生态破坏。

⑪县级以上人民政府应当采取措施，督促有关单位进行治理，防治废水、废气和固体废弃物对农业生态环境的污染。排放废水、废气和固体废弃物造成农业生态环境污染事故的，由环境保护行政主管部门或者农业行政主管部门依法调查处理；给农民和农业生产经营组织造成损失的，有关责任者应当依法赔偿。

Q6 我国关于农村面源污染防治的政策法规有哪些？

在面源污染防治指导方面，我国已经发布了以下政策法规：《生活垃圾处理技术指南》《农村生活污染防治技术政策》《农村生活污染控制技术规范》《化肥使用环境安全技术导则》《农药使用环境安全技术导则》《农业固体废物污染控制技术导则》《畜禽养殖业污染防治技术规范》《畜禽场环境质量及卫生控制规范》等。这些文件不仅为农村面源污染控制管理提供了法律依据，也提出了相应的技术标准。

《农业固体废物污染控制技术导则》规定了农业植物性废物、畜禽养殖废物和农用薄膜3种农业固体废物污染控制的原则、技术措施和管理措施等相关内容。适用于指导农业种植、畜禽养殖等产生的固体废物污染控制管理，实现农业固体废物资源化、减量化、无害化。例如，农用薄膜的污染控制技术措施：一是优化覆膜技术，推广侧膜栽培技术、适时揭膜技术，降低连续覆盖年限。二是选用适宜的栽培种植方式，如整地时间、整地方式和起垄方式等。三是注重废旧膜的回收和再加工利用；在手工操作的基础上，合理采用清膜机械，加强废旧膜回收利用。结合回收地膜再生加工技术，开发深加工产品，促进废旧膜回收。

《畜禽养殖业污染防治技术规范》《畜禽场环境质量及卫生控制规范》等畜禽养殖污染方面的政策给予了农村环境保护极大的帮助。该规范进一步鼓励畜禽养殖的规模化以及粪污利用的大型化和专业化，强调了发展不同养殖规模、形式的废弃物无害化处理模式和资源化综合利用模式的重要性，将资源化综合利用放在污染防治工作中的优先地位。综合考虑土壤、作物和环境因素，科学地确定畜禽养殖废弃物的还田利用量。此外，还应科学合理地利用沼液、沼渣和有机肥，防治畜禽养殖二次污染。

此外，《关于实行"以奖促治"加快解决突出的农村环境问题的实施方案》提出"以奖促治"的治理措施，对于危害群众身体健康、威胁城乡居民食品安全、影响农村可持续发展的重要问题以及污染防治的重点流域、区域和问题严重地区，应采取集中整治。该实施方案还强调了在解决农村环境问题中政府的重要作用，政府应充分发挥财政资金的引导作用，吸引社会资金，鼓励农民出资出劳。在物质以及精神方面极大调动农民的环保意识，促进农村环境保护的发展。

Q7 《环境保护税法》的内容主要有哪些?

（1）意义 为了保护和改善环境、减少污染物排放、推进生态文明建设，开征环境保护税：一是有利于提高纳税人环保意识和遵从度，强化纳税人治污减排的责任。二是有利于构建促进经济结构调整、发展方式转变的绿色税制体系。

（2）纳税主体 在中华人民共和国领域和中华人民共和国管辖的其他海域，直接向环境排放应税污染物的企业事业单位和其他生产经营者为环境保护税的纳税人，应当按规定缴纳环境保护税。

（3）应税污染物 环境保护税的应税污染物是指《环境保护税法》所附《环境保护税税目税额表》（表1）、《应税污染物和当量值表》（表2）规定的大气污染物、水污染物、固体废物和噪声。

表1 《环境保护税税目税额表》

税 目		计税单位	税 额	备 注
大气污染物		每污染当量	1.2~12元	
水污染物		每污染当量	1.4~14元	
固体废物	煤矸石	每吨	5元	
	尾矿	每吨	15元	
	危险废物	每吨	1000元	
	冶炼渣、粉煤灰、炉渣、其他固体废物（含半固态、液态废物）	每吨	25元	

续表

	税　目	计税单位	税　额	备　注
噪声	工业噪声	超标 1~3 分贝	每月 350 元	1.一个单位边界上有多处噪声超标，根据最高一处超标声级计算应纳税额；当沿边界长度超过 100 米有两处以上噪声超标，按照两个单位计算应纳税额。 2.一个单位有不同地点作业场所的，应当分别计算应纳税额，合并计征。 3.昼、夜均超标的环境噪声，昼、夜分别计算应纳税额，累计计征。 4.声源一个月内超标不足 15 天的，减半计算应纳税额。 5.夜间频繁突发和夜间偶然突发厂界超标噪声，按等效声级和峰值噪声两种指标中超标分贝值高的一项计算应纳税额
		超标 4~6 分贝	每月 700 元	
		超标 7~9 分贝	每月 1400 元	
		超标 10~12 分贝	每月 2800 元	
		超标 13~15 分贝	每月 5600 元	
		超标 16 分贝以上	每月 11200 元	

表 2 《应税污染物和当量值表》

一、第一类水污染物污染当量值			
污染物	污染当量值（千克）	污染物	污染当量值（千克）
1.总汞	0.0005	6.总铅	0.025
2.总镉	0.005	7.总镍	0.025
3.总铬	0.04	8.苯并（a）芘	0.0000003
4.六价铬	0.02	9.总铍	0.01
5.总砷	0.02	10.总银	0.02

续表

二、第二类水污染物污染当量值	
污染物	污染当量值（千克）
11. 悬浮物（SS）	4
12. 五日生化需氧量（BOD_5）	0.5
13. 化学需氧量（COD）	1
14. 总有机碳（TOC）	0.49
15. 石油类	0.1
16. 动植物油	0.16
17. 挥发酚	0.08
18. 总氰化物	0.05
19. 硫化物	0.125
20. 氨氮	0.8
21. 氟化物	0.5
22. 甲醛	0.125
23. 苯胺类	0.2
24. 硝基苯类	0.2
25. 阴离子表面活性剂（LAS）	0.2
26. 总铜	0.1
27. 总锌	0.2
28. 总锰	0.2
29. 彩色显影剂（CD-2）	0.2
30. 总磷	0.25
31. 元素磷（以P计）	0.05
32. 有机磷农药（以P计）	0.05
33. 乐果	0.05
34. 甲基对硫磷	0.05

续表

二、第二类水污染物污染当量值	
污染物	污染当量值（千克）
35. 马拉硫磷	0.05
36. 对硫磷	0.05
37. 五氯酚及五氯酚钠（以五氯酚计）	0.25
38. 三氯甲烷	0.04
39. 可吸附有机卤化物（AOX）（以 Cl 计）	0.25
40. 四氯化碳	0.04
41. 三氯乙烯	0.04
42. 四氯乙烯	0.04
43. 苯	0.02
44. 甲苯	0.02
45. 乙苯	0.02
46. 邻二甲苯	0.02
47. 对二甲苯	0.02
48. 间二甲苯	0.02
49. 氯苯	0.02
50. 邻二氯苯	0.02
51. 对二氯苯	0.02
52. 对硝基氯苯	0.02
53. 2,4－二硝基氯苯	0.02
54. 苯酚	0.02
55. 间－甲酚	0.02
56. 2,4－二氯酚	0.02
57. 2,4,6－三氯酚	0.02
58. 邻苯二甲酸二丁酯	0.02

续表

二、第二类水污染物污染当量值

污染物	污染当量值（千克）
59. 邻苯二甲酸二辛酯	0.02
60. 丙烯腈	0.125
61. 总硒	0.02

注：1. 第一、二类污染物的分类依据为《污水综合排放标准》（GB 8978–1996）。
　　2. 同一排放口中的化学需氧量（COD）、五日生化需氧量（BOD_5）和总有机碳（TOC），只征收一项。

三、pH 值、色度、大肠菌群数、余氯量污染当量值

污染物		污染当量值
1. pH 值	0~1，13~14	0.06 吨污水
	1~2，12~13	0.125 吨污水
	2~3，11~12	0.25 吨污水
	3~4，10~11	0.5 吨污水
	4~5，9~10	1 吨污水
	5~6	5 吨污水
2. 色度		5 吨水·倍
3. 大肠菌群数（超标）		3.3 吨污水
4. 余氯量（用氯消毒的医院废水）		3.3 吨污水

注：1. 大肠菌群数和余氯量只征收一项。
　　2. pH 值 5~6 指大于等于 5，小于 6；pH 值 9~10 指大于 9，小于等于 10，其余类推。

四、禽畜养殖业、小型企业和第三产业污染当量值

类　型		污染当量值
禽畜养殖场	牛	0.1 头
	猪	1 头
	鸡、鸭等家禽	30 羽
小型企业		1.8 吨污水
饮食娱乐服务业		0.5 吨污水

续表

四、禽畜养殖业、小型企业和第三产业污染当量值

类 型		污染当量值
医院	消毒	0.14 床
		2.8 吨污水
	不消毒	0.07 床
		1.4 吨污水

注：1.本表仅适用于计算无法进行实际监测或物料衡算的禽畜养殖业、小型企业和第三产业等小型排污者的污染当量数。
2.仅对存栏规模大于 50 头牛、500 头猪、5000 羽鸡鸭等的禽畜养殖场征收。
3.医院病床数大于 20 张的按本表计算污染当量。

五、大气污染物污染当量值

污染物	污染当量值（千克）	污染物	污染当量值（千克）
1. 二氧化硫	0.95	16. 镉及其化合物	0.03
2. 氮氧化物	0.95	17. 铍及其化合物	0.0004
3. 一氧化碳	16.7	18. 镍及其化合物	0.13
4. 氯气	0.34	19. 锡及其化合物	0.27
5. 氯化氢	10.75	20. 烟尘	2.18
6. 氟化物	0.87	21. 苯	0.05
7. 氰化氢	0.005	22. 甲苯	0.18
8. 硫酸雾	0.6	23. 二甲苯	0.27
9. 铬酸雾	0.0007	24. 苯并（a）芘	0.000002
10. 汞及其化合物	0.0001	25. 甲醛	0.09
11. 一般性粉尘	4	26. 乙醛	0.45
12. 石棉尘	0.53	27. 丙烯醛	0.06
13. 玻璃棉尘	2.13	28. 甲醇	0.67
14. 碳黑尘	0.59	29. 酚类	0.35
15. 铅及其化合物	0.02	30. 沥青烟	0.19

五、大气污染物污染当量值			
污染物	污染当量值（千克）	污染物	污染当量值（千克）
31. 苯胺类	0.21	38. 氨	9.09
32. 氯苯类	0.72	39. 三甲胺	0.32
33. 硝基苯	0.17	40. 甲硫醇	0.04
34. 丙烯腈	0.22	41. 甲硫醚	0.28
35. 氯乙烯	0.55	42. 二甲二硫	0.28
36. 光气	0.04	43. 苯乙烯	25
37. 硫化氢	0.29	44. 二硫化碳	20

（4）无须缴纳环境保护税的情形

①企业事业单位和其他生产经营者向依法设立的污水集中处理、生活垃圾集中处理场所排放应税污染物的，无须缴纳环境保护税。

②企业事业单位和其他生产经营者在符合国家和地方环境保护标准的设施、场所贮存或者处置固体废物的，无须缴纳环境保护税。

（5）计税依据和应纳税额

①应税大气污染物

计税依据：污染物排放量折合的污染当量数。

应纳税额：污染当量数乘以具体适用税额。

②应税水污染物

计税依据：污染物排放量折合的污染当量数。

应纳税额：污染当量数乘以具体适用税额。

③应税固体废物

计税依据：固体废物的排放量。

应纳税额：固体废物的排放量乘以具体适用税额。

④ 应税噪声

计税依据：超过国家规定标准的分贝数。

应纳税额：超过国家规定标准的分贝数对应的具体适用税额。

应税大气污染物、水污染物的污染当量数，以该污染物的排放量除以该污染物的污染当量值计算。每种应税大气污染物、水污染物的具体污染当量值，依照《应税污染物和当量值表》执行。

污染当量，是指根据污染物或者污染排放活动对环境的有害程度以及处理的技术经济性，衡量不同污染物对环境污染的综合性指标或者计量单位。同一介质相同污染当量的不同污染物，其污染程度基本相当。

例如，如果你养了 3 000 只鸡，则应该缴纳环境保护税，而鸡粪属于水污染物，适用税额为每污染当量 1.4 ~ 14 元。每 30 羽鸡为 1 污染当量，3 000 只鸡的污染当量数为 100。所以应交税额是污染当量数（100）乘以具体适用税额（1.4 ~ 14 元），总计 140 ~ 1 400 元。

大气和水污染物的每污染当量税额幅度达到 10 倍，是不是有点大？不过，《环境保护税法》做出了相应规定：省、自治区、直辖市政府要综合合理的考虑当地环境状况、污染程度和经济发展条件来适时合理调整大气和水污染物的适用税额，以符合本地的经济、社会及生态发展要求，并在确定税额之后根据本法附则规定报同级人民代表大会常务委员会决定，同时报全国人民代表大会常委会和国务院进行相关备案。

根据目前已公布数据，各省的适用税额不尽相同：广东省大气污染物每污染当量为 1.8 元，水污染物每污染当量为 2.8 元；江苏省大气污染物每污染当量为 4.8 元，水污染物每污染当量为 5.6 元；浙江省大气污染物每污染当量为 1.2 ~ 1.8 元，水污染物每污染当量为 1.4 ~ 1.8 元；贵州省大气污染物每污染当量为 2.4 元，水污染物每污染当量为 2.8 元；湖北省大气污染物每污染当量为 2.4 元，水污染物每污染当量为 2.8 元；四川省大气污染物每污染当量为 3.9 元，水污染物每污染当量为 2.8 元。

（6）环境保护税的税收减免情形

①暂予免征环境保护税的情形 《环境保护税法》中规定了以下 5 种情形可以免税。

一是对农业生产过程中排放的应税污染物暂时给予免征，其目的是为了支持农业生产。但是鉴于规模化养殖对环境影响较大，需要根据具体情况加以区分是否对其予以减免税，因此不在免税范围之列。

二是对机动车、铁路机车、非道路移动机械、船舶和航空器等流动污染源排放的应税污染物免予征税，其原因则是考虑到了已有车船税、消费税和车辆购置税等税种。这种调节对节能减排起到了促进作用，因此流动污染物排放源——机动车、船只等排放的应税污染物也暂免征税。

三是依法设立的城乡污水集中处理、生活垃圾集中处理场所排放相应应税污染物，不超过国家和地方规定的排放标准的，免予征税。

四是纳税人综合利用的固体废物，符合国家和地方环境保护标准的，暂免征税，以鼓励固体废物循环利用，减少废物排放。

五是国务院批准免税的其他情形。

②减征环境保护税的情形 纳税人排放应税大气污染物或者水污染物的浓度值低于国家和地方规定的污染物排放标准 30% 的，减按 75% 征收环境保护税。纳税人排放应税大气污染物或者水污染物的浓度值低于国家和地方规定的污染物排放标准 50% 的，减

按 50% 征收环境保护税。

（7）申报缴纳环境保护税　纳税义务发生时间：纳税人排放应税污染物的当日。纳税人应当向应税污染物排放地的税务机关申报缴纳环境保护税。

环境保护税按月计算，按季申报缴纳。不能按固定期限计算缴纳的，可以按次申报缴纳。纳税人申报缴纳时，应当向税务机关报送所排放应税污染物的种类、数量，大气污染物、水污染物的浓度值，以及税务机关根据实际需要要求纳税人报送的其他纳税资料。

纳税人按季申报缴纳的，应当自季度终了之日起十五日内，向税务机关办理纳税申报并缴纳税款。纳税人按次申报缴纳的，应当自纳税义务发生之日起十五日内，向税务机关办理纳税申报并缴纳税款。纳税人应当依法如实办理纳税申报，对申报的真实性和完整性承担责任。

畜禽养殖污染问题

三

畜禽养殖作为我国农业的支柱型产业，在创造巨大经济效益的同时也带来了严重的污染问题。这些污染不但影响着人们的身体健康，而且威胁着周边的生态环境。所以控制畜禽养殖污染势在必行，应通过不断完善各项相关制度，逐步改善生态环境。

Q1 畜禽污染的危害有哪些？

畜禽的粪便在其加工、运输、零售过程中都会直接或间接造成环境污染，同时养殖过程中的畜禽死亡也会造成一定的环境污染。

（1）水体污染 畜禽粪便中富含大量氮、磷、钾、硫等元素及有机质，这些有机质被随意排放后会导致水体富营养化，而藻类植物吸收营养后会大量繁殖，从而致使鱼类大批死亡，水体生态被破坏，进而陷入恶性循环状态。畜禽粪便进入水体的流失率大于 2%，而液体污染物如尿液和污水等的流失率高达 50%。即使粪便直接还田，也会对环境造成一定程度的危害。地下水的污染导致水质中的不利成分增多，严重影响水体质量，而水体一旦被污染很难通过治理恢复。

（2）空气污染 畜禽养殖业主要通过温室气体即二氧化碳、甲烷和氧化亚氮等的排放和粪便分解散发有害气体等途径来污染空气。粪便管理阶段的温室气体的排放占主导地位，后续的加工、零售及运输阶段也会产生不同程度的温室气体。值得一提的是，反刍类动物在养殖过程中排放的温室气体比其他动物更多。

（3）农田土壤污染 畜禽养殖对农田的污染主要是由于畜禽粪便的错误还田所造成的污染。一方面，不合理施肥会破坏土地中氮、磷等元素的平衡。研究发现，农田长期使用鸡粪会致使美国南部平原表层土地氮、磷含量增加 5 倍，同样条件下使用猪粪会增加 4 倍，这种使土壤氮含量显著增加的事例在加拿大和新西兰也有发生。另一方面，规模养殖过程中饲喂的饲料、预混剂和使用的兽药大都含有抗生素、激素和金属微量元素，会导致畜禽粪便中的有害物质如重金属、盐分和兽药等的增多，影响农田土壤的健康功能。

（4）危害人类健康　畜禽养殖过程中产生的污水、废气和导致的农田污染可能会通过其他途径危害到人类健康。畜禽粪便含有大量的微生物和寄生虫卵，是重要的病原微生物载体，包含许多造成人畜患病的微生物或寄生虫，会严重威胁人类健康。这些病原微生物通过患病动物的粪尿、分泌物、饲料和污染的水源等传播。1993 年，农场动物粪便原生寄生物使美国威斯康星州密尔沃基市的城市饮用水受到污染，由此爆发了美国近代史上最大规模的突发性腹泻症，超过 40 万人被感染。甲型 H1N1 流感最初发现于 2009 年 3 月，是近年来造成恶劣影响的一种人畜共患病，爆发于墨西哥的"人感染猪流感"疫情，飞速在全球范围内蔓延。

Q2 畜禽养殖污染处理技术有哪些?

我国畜禽养殖粪污处理模式可分为以下几类：以沼气工程为基础的能源环保模式、能源生态模式，以好氧堆肥技术为主的资源利用模式，以生物发酵床技术为基础的清洁生产模式。各种技术因其自身特点，有其不同适用性。

（1）沼气工程　沼气工程能源环保模式以厌氧发酵制取沼气为核心，处置与利用方式都符合环保要求。这是在农村沼气工程的基础上形成的一种模式，主要对象是户用沼气和简单的综合利用。该模式具有在获得能源的基础上，进一步处理废水，最终达标排放的特点。

大型畜禽养殖场存在处理难度高、投资大的特点，因此沼气的推广存在一定的难度。为了达到污染减排的目的，可采取沼液、沼渣就地消化或者制成有机肥进行销售。该技术既可实现畜禽粪污的治理，又可获得沼气的高值利用，这样的种养方式值得提倡。畜禽粪污处理需要坚持农业与牧业相结合的原则，在充分还田或利用前进行无害化处理，实现粪污资源化利用。如果有足够农田，则污水在经厌氧处理后无须再次处理即可直接作为农田液肥或水产养殖肥水利用；若没有足够消纳粪便污水的农田，则需要经过自然处理系统进行处理或人工好氧处理，在达到排放标准或经深度处理后作为清洗水再利用。

（2）厌氧发酵技术　厌氧发酵技术是指畜禽粪便在厌氧发酵过程中，经过微生物及粪便中的有机物反应而转化为沼气。厌氧发酵可大大降低畜禽粪便中有机物的含量，减少体积，并可产生清洁能源（沼气）。沼气可直接利用或通过脱硫净化后成为清洁燃料，进一步用于沼气发电或车用能源，实现粪便资源化、能源化。沼液可以进一步深加工实现达标排放或直接和沼渣一起作为有机肥还田。

能源型厌氧发酵技术的最大优势在于既能解决养殖污染又能额外获得大量能源，是可行的养殖污染防治技术之一，适用于大中型畜禽养殖场。但是该技术所产生的沼渣、沼液需要后续处理，如随意排放仍然会造成严重的环境污染。大中型畜禽养殖场污染防治技术包括畜禽养殖清洁生产技术、厌氧消化技术、沼气净化与综合利用技术、沼液沼渣处理及综合利用技术等。

（3）好氧堆肥技术　好氧堆肥的资源利用模式是利用物理过程，将生猪粪便通过烘干、堆肥等工艺，制成对农作物有益的有机肥料，既解决环境污染问题，又充分利用资源。将畜禽粪尿堆肥后还田利用，污染物可以得到有效的处理，同时又由于其营养循环于植物生态系统中而减少了化肥的使用，实现"粪水还田，养殖场零排放"的目标。但若不能将还田处理得当，农田生态平衡有可能会被破坏，并从各方面影响生物量的积累，甚至对地表水和地下水造成污染。因此在应用过程中要充分考虑该模式下土地的承载能力、农田土壤及植物需求的平衡，审慎评估、设计，注意管理要严格。

零排放是该模式的特点，可实现资源化，最大限度地减少化肥的使用，使土壤肥力增加；省投资，低运行费用，以实现环境保护和经济效益的双赢。缺点是适应性不强；对地表水或地下水可能会有潜在污染危险；散播恶臭气味，威胁大气构成。

（4）生物发酵床技术　以生物发酵床零排放养殖技术为基础的清洁生产模式是从源头上控制生猪粪污的产生，实现零排放。发酵床技术是近年来开始被企业接受和使用的一种新型养殖技术。发酵床是按一定比例混合发酵菌种、秸秆、锯末屑、稻壳粉和粪便（或泥土）配制猪圈的垫料。发酵床的原理是利用微生物发酵床进行自然生物发酵，从而实现畜禽粪污减量化、无害化的一种手段。

生物发酵床零排放养殖模式是一项集好氧发酵技术、微生物制剂技术和猪舍环境调控技术为一体的系统工程。具体是指在猪舍中铺上谷壳、锯末、米糠等原料与微生物酵素混合成高度为40～100厘米的垫料（发酵床），进行水分调节、混合搅拌以及堆积发酵，然后将生猪饲养在该垫料上。微生物酵素中的菌种在猪栖息的生物发酵床内形成益生菌的强势菌群。该菌群可将猪粪尿降解、消化，使废物减量化和资源化，一定时间后垫料可以作为制作优质生物有机肥的原料，为养殖业可持续发展提供保障。

管理良好的畜禽发酵床一般不产生污染，能真正实现畜禽养殖粪污的零排放，具有很好的发展前景。

生物发酵床零排放养殖技术在我国是一种新型的环保养猪模式，它包含了符合该技术规律的猪舍建设、饲养管理（含发酵床管理）、疫病防控、菌种选择和饲料要求，在环境效益、生猪本身的福利方面都有较大的优势，具有很好的发展前景。但是目前该技术主要应用在生猪养殖上，须进一步扩大养殖的种类，并减少地域、气候等因素的影响，扩大应用范围。

（5）升流式厌氧污泥床技术　升流式厌氧污泥床包含气液固三相分离器（包括沉淀区）、污泥反应区和气室 3 部分。污水从厌氧污泥床流入并且与留存在底部的大量厌氧污泥混合，污水中的有机物被污泥中的微生物分解，转化成为沼气。气泡、污泥和水一起上升进入三相分离器完成分离。

此技术有利于保证水力的停留时间，提高反应器内污泥浓度和有机负荷，是无机械化的混合搅拌，仅依靠发酵过程中产生的沼气自身的上升运动，使污泥床上部的污泥自动悬浮、下部的污泥层自动搅动。但是此技术也有不足之处：要适当控制进入水中的悬浮物，过低或过高都不好；要注意水质和负荷发生的所有变化，因为其耐冲击力的能力较低。适用于没有采用干湿分离清粪工艺或采用干湿分离清粪工艺的污水部分厌氧消化。

由于我国畜禽养殖污染防治起步较晚，污染防治水平总体落后，并且污染防治水平参差不齐。各企业采用的污染治理设备和资源利用状况各不相同，污染物的处理效果及资源和能源的利用效率差异很大。目前，京津冀绝大部分生猪养殖场的污染物直接排放，部分养殖企业建有简易污染治理设施，普遍存在处理工艺落后、运营管理水平低下、排放难以达标、投资和运行成本高昂等问题；只有少量生猪养殖企业建立了生猪污染治理和资源再利用设施，做到既能减少对周边环境污染，又能通过厌氧发酵等技术产生再生能源。

Q3 沼气的综合利用模式有哪些？

（1）稻—猪—沼—稻　用稻谷、秸秆、谷糠养猪；猪粪下池生产沼气；沼气煮饭、点灯、照明，沼肥还田种稻，沼液喂猪。这种模式的特点是链条短，投资少，易管理，见效快，适应性强，易于推广。

（2）猪—沼—鱼　这种模式适合畜牧、水产养殖专业户。猪粪下池生产沼气，开启闸阀将沼气池的沼渣和自溢流管溢流出的沼液引入池塘养鱼，塘泥再返田做肥料，沼气做生活燃料，并可诱蛾灭虫喂鱼。

（3）牧草—兔—猪—沼—牧草　该模式适合养兔场。牧草选用俄罗斯饲料菜、间作黑麦草，这样兔子一年四季都有青饲料，兔粪发酵后喂猪。料肉比为 5.1：1，沼液喂猪喂兔，沼气用作生活能源，沼渣还田于牧草。

（4）粮田—鸽—猪—沼—粮田　该模式适合以养鸽为主的专业户。粮食喂鸽，鸽粪发酵喂猪，沼液再用于猪、鸽饲用，沼气用作生活能源，沼渣肥田。

（5）鸡—猪—沼—菜　在猪圈上建造鸡舍养鸡，鸡粪落下来喂猪或将鸡粪收集后发酵喂猪；猪圈下建造沼气池，沼气用于煮猪食和照明，沼液喂猪或做叶面肥喷施蔬菜，沼渣返地种菜。采用这种模式的最大特点是能够充分利用时间、空间和劳动力，实现"以沼促菜，以菜促猪，以猪促沼"的良性循环。

（6）猪—沼—菇 猪粪下池生产沼气，沼渣培育食用菌，菌糠废料下田，沼液养猪。此种模式较适合经济不发达地区，可帮助农民迅速脱贫致富。

（7）鸡—猪—沼—孵鸡 鸡粪喂猪，猪粪下池，沼气用于孵鸡，沼渣饲养蚯蚓，沼液种青饲作物，蚯蚓和青饲料再来喂鸡和猪。

（8）糟—猪—沼—电 酿酒后的废糟喂猪，废糟水和猪粪下池生产沼气，沼气发电，沼渣养鱼或肥田。

（9）太阳能暖圈喂猪—沼气池—贮肥池—水窖—果园 该配套模式适合于气候干旱、冬季寒冷的渭北旱源地区。果园里的水窖和滴灌系统加上种草覆盖可起到保墒抗旱、增草促畜、肥田改土的作用。

农村沼气工程建设是降低生产成本、提高经济效益的综合技术措施，是新型洁净能源和可再生能源合理利用，有利于推进美丽中国和节约型社会建设。

过量使用、滥用化肥农药污染问题

四

　　大田污染主要是指农民在农业生产过程中产生的农作物生产废物，包括化肥、农药、农用塑料薄膜等未经合理处置继而对农田土壤和农作物造成污染。据统计，我国化肥、农药的生产量和使用量都已位居世界第一。这是由于农民出于降低种植成本的目的，在作物种植或温室生产时多会选择价格低廉、药物作用性强的农药来杀虫、治病、除草，再配合过量化肥的施用，以保证农田的产量。

　　一味追求产量的农业需求衍生出了庞大低廉的农药、化肥销售市场，加上大部分农民的文化程度相对较低，对农药、化肥的性质及如何安全使用也不了解，因而农村普遍存在盲目施用、过量使用农药、化肥的问题。过度依赖农药和化肥的种植方式虽然能保证作物的正常生长，达到提高作物产量的粗犷目的，但是对农田土壤和水体造成了污染，对我国生态环境造成极大的不利影响，也严重影响了农产品的生产安全，危害人体健康。

Q1 过量施肥会产生哪些危害？

　　（1）对土壤的危害

　　①造成土壤板结　有机质含量、土壤肥力与土壤团粒结构息息相关。过量施肥使得土壤保水保肥能力下降、透气性下降、有机质含量降低，进而使生活在土壤中的微生物活性下降，导致土壤团粒结构被严重破坏，最终造成土壤板结。土壤板结不利于种子萌发，会阻碍作物根系吸水透气，进一步影响作物生长发育。

　　②造成土壤酸化　化肥里含有对土壤有很强酸化作用的硫酸铵、氯化铵、尿素和硝酸盐类物质等。这些物质里的酸根离子进

入土壤后，会使得土壤酸化，不再适宜作物的生长，进而造成作物的减产。

③造成土壤菌群失调　随着化肥使用时间的延长，土壤菌群会失调，这是由于土壤中有害菌的数量越来越多，而有益菌得不到补充。

④造成微量元素缺乏　常年使用化肥，容易造成土壤养分的偏耗，特别是锌、硼、铁等微量元素，由此将会引发缺素症，大大影响植物的生长发育，使产量减少、品质下降。

（2）对水体的危害　化肥现在已成为我国水污染的重要来源，其对水体的影响主要体现在两个方面。

①造成地表水富营养化　相关研究表明，不合理施用的化肥在进入土壤之后可因水的沥滤作用发生迁移，而化肥里的氮和磷可随之流入江河、湖泊，或进入地下水，最后造成水体富营养化。水体富营养化后，水体表面会覆盖一层以大量绿藻、蓝藻为主的藻类植物，使水的透明度降低而光线难以穿透水层，从而使水底的植物也难以进行光合作用，最终会因氧气过少而导致水中的生物大量死亡。

②造成硝酸盐污染　若大量硝酸盐进入地下水而被人饮用或含有大量硝酸盐的鱼类被人食用，硝酸盐就会在体内发生转化作用，生成正铁血红蛋白。一旦正铁血红蛋白过量，人就会产生不良反应，甚至会死亡。

（3）对大气的危害　化肥对大气的危害主要是由于多数农民使用的氮肥、氨态氮肥中的氨极易以氨气的形式挥发到大气中，大气中的氨再经由降雨等形式进入陆地水体，从而既对大气造成了污染，又导致水体富营养化现象的加剧。化肥中的硝酸盐会因为土壤中的反硝化细菌的作用被分解为亚硝酸盐、氨及氮氧化物，其中氨和氮氧化物就会挥发进入大气，而氮氧化物不仅是破坏臭氧层的重要物质，也是造成温室效应的物质之一。

（4）对生物的危害　化肥施用过多给土壤带来了超负荷的尿素、硫酸铵、硝酸盐等物质。长期施用化肥种植出来的作物不仅失去了原有的口感和味道，品质也不高且没有营养，更重要的是在这样被污染的环境中成长出来的作物会有损身体健康。人类食用这些在被污染的土壤中生长出来的作物之后，对人体有害的重金属元素和有毒物质就会随之进入人的体内，而有害物质的残留甚至会造成中毒等情况。除此之外，硝酸根和亚硝酸根还是人类致癌、致畸的危险物质，即使是将这些施用过量化肥的作物用于喂养牲畜，通过食物链一层一层地传递，有害物质最终还是会进入人体，危害人体健康。

Q2 滥用农药会产生哪些危害？

（1）对土壤的危害　和长期施用化肥一样，农药的滥用也会导致土壤酸化和土壤板结，同时对土壤造成污染。滥用农药会使农药中的放射性元素进入土壤，然后被作物吸收利用，使得植物具有放射性危害。具有较强毒性的农药在杀死害虫的同时，也会杀死土壤中有益的环节动物、原生动物及微生物，这使得农田的生物群落多样性被破坏。微生物的减少又会影响土壤中酶的活性，使得土壤中物质不能转化，这样土地的生产力就会下降，更不利于满足作物的生长需求。

（2）对水体的危害　农药对水体的污染途径主要可分为3种：农药雾粒喷洒或飘落到水体上，农药因降雨或灌溉流入水体，清洗喷洒工具时残留农药对水体造成污染。农药中的氮、磷也会造成水体富营养化，形成水华或赤潮，掠夺水中植物生长所需要的阳光，让水中生物因缺氧而大量死亡，再次加重对水体的污染。被污染的田间水可以通过降雨或灌溉流到河沟里，最后汇聚到河流，地表水中的农药再经由挥发、迁移、渗透到地下水中，形成对水体环境的深层污染。

（3）对生物的危害　在作物上喷洒一些含有有机氯的农药，鸟类食用之后，会使其蛋壳变薄而极易破碎，甚至孵不出小鸟，这会减弱鸟类的繁殖能力。同时一些益鸟也会因为食用具有太多农药残留的作物而死，这会使得作物发生病虫害的概率更大，生态平衡也因此遭到破坏。

滥用农药会使作物上有农药残留。一是会增加急性中毒的风险，主要表现为头疼、恶心、呕吐、多汗、昏迷、抽搐、呼吸困难、神经错乱等，其中因为急性中毒而导致死亡，是最严重的农药危害。二是农药残留的有毒物质会通过瓜果蔬菜在人体内积累而引起慢性中毒，慢性中毒虽然不会立即危及生命，但是它可以导致人体免疫力下降，进而诱发其他疾病的发生，如动脉硬化等心血管疾病，对生殖系统、智力发育和神经系统也有影响。除此之外，大部分的农药残留物被证实都是致癌物质，存在潜在致癌性。因此农药带来的食品安全问题不容忽视，应引起人们的高度重视。

Q3 针对化肥污染的主要技术有哪些？

为减少或避免化肥污染，可采取以下方法以达到生态效益和经济效益的共赢。

（1）推进精准施肥，合理制定施肥标准　根据各地不同性质的土壤状况、气候特点、病虫草害特点，制定相对应的合理施肥标准和施肥原则，严格控制施用肥料的量。指导农户根据作物不同生长阶段所需养分的不同，有针对性地施用化肥。在保证作物产量的前提下，实现环保经济增产。

地区不同，其具体施肥原则也不同。

①东北地区　施肥原则：控氮、减磷、稳钾，补锌、硼、铁、钼等微量元素。主要措施：结合深松整地和保护性耕作，加大秸秆还田力度，增施有机肥；适宜区域实行大豆、玉米合理轮作，在大豆、花生等作物生产中推广根瘤菌技术；推广化肥机械深施技术，适时适量追肥；干旱地区玉米种植推广高效缓释肥料和水肥一体化技术。

②黄淮海地区　施肥原则：减氮、控磷、稳钾，补充硫、锌、铁、锰、硼等微量元素。主要措施：周期性深耕深松和保护性耕作，实施小麦、玉米秸秆还田，推广配方肥、增施有机肥，推广玉米种肥同播，棉花机械追肥，注重小麦水肥耦合，推广氮肥后移和"一喷三防"技术；蔬菜、果树注重有机无机肥配合，有效控制氮磷肥用量；设施农业应用秸秆和调理剂等改良盐渍化土壤，推广水肥一体化技术；使用石灰等调理剂改良酸化土壤，发展果园绿肥。

③长江中下游地区　施肥原则：减氮、控磷、稳钾，配合施用硫、锌、硼等微量元素。主要措施：推广秸秆还田技术，推广配方肥、增施有机肥，恢复发展冬闲田绿肥种植，推广果茶园绿肥种植；利用钙镁磷肥、石灰、硅钙等碱性调理剂改良酸化土壤；高效经济园艺作物推广水肥一体化技术。

④华南地区　施肥原则：减氮、稳磷、稳钾，配合施用钙、镁、锌、硼等微量元素。主要措施：推广秸秆还田技术，推广配

方肥、增施有机肥，适宜区域恢复发展冬闲田绿肥种植；注重利用钙镁磷肥、石灰、硅钙等碱性调理剂改良酸化土壤；注重施肥技术与轻简栽培技术结合；高效经济园艺作物推广水肥一体化技术。

⑤西南地区　施肥原则：稳氮、调磷、补钾，配合施用硼、钼、镁、硫、锌、钙等微量元素。主要措施：推广秸秆还田技术，注重沼肥、畜禽粪便合理利用，恢复发展冬闲田绿肥种植；推广配方肥、增施有机肥；注重利用钙镁磷肥、石灰、硅钙等碱性调理剂改良酸化土壤；山地高效经济作物和园艺作物推广水肥一体化技术。

⑥西北地区　施肥原则：统筹水肥资源，以水定肥、以肥调水，稳氮、稳磷、调钾，配合施用锌、硼等微量元素。主要措施：配合覆膜种植推广高效缓释肥料，实施保护性耕作、秸秆还田，推广配方肥、增施有机肥；在棉花、果树、马铃薯等作物生产中推广膜下滴灌、水肥一体化等高效节水灌溉技术；结合工程措施利用石膏等调理剂改良盐碱地。

（2）调整化肥使用结构，平衡土壤所含元素　合理适量施用化肥，对土壤中的氮、磷、钾含量进行优化，促进土壤中微量元素与大量元素配合，提高对养分的利用率。为适应现代农业发展需要，企业应积极引导肥料产品优化升级，国家也要鼓励和推广高效新型肥料在农村的发展。

（3）改进施肥方式，提高肥料利用效率　大力推广测土配方施肥，用科学技术为农业生产提供科学指导，培养和提高农民科学施肥意识和技能。研发推广适用施肥设备，将传统人工化肥施用方式逐渐向机械深施、水肥一体化、叶面喷施等方式转化。其中水肥一体化将肥料的施用与灌溉相结合，可以使土壤保持疏松和一定的含水量，并改善作物根部的呼吸和生长，从而提高肥料的利用效率。

（4）有机肥替代化肥，推广绿肥种植　通过合理施用有机肥，减少不合理化肥的投入，补充土壤中的有机养分资源，提高土壤肥力，改善土壤质量，用有机肥替代部分化肥，实现有机和无机良好结合。也可以采取秸秆还田、施用有机肥和生物菌肥、种植肥田作物来提升耕地基础地力，把化肥的养分投入替代为耕地自身养分的使用。在不与粮食作物争夺养分、不影响彼此生长的前提下可以种植绿肥。选择单种、间种、混种、套种、插种等绿肥种植方式，均可以增强土壤肥力，或为主作物互补提供其生长所需养分，也可促进田间生物的良性发展。

Q4 针对农药污染的主要技术有哪些？

（1）加强病虫监测预警，减少用药防治次数　坚持预防为主、综合防治的方针政策，强化病虫测报体系建设，精准掌握病虫发生发展动态，及时开展病（虫）情会商和预报发布，严格按照农药安全间隔期要求，配方选药，对症下药，坚持在适当的时期防治，解决盲目用药的不良现象。

（2）推广绿色防控技术，减少使用化学农药　大力推广生物农药和生物防治技术，因地制宜地开展病虫害绿色防控，以此来代替有毒高残留农药的使用。选用环保高效型农药品种组成最佳用药组合，减少化学农药的过量使用。另外，可使用氨基寡糖素、碧护等，提高植株的抗逆能力；选用激健、有机硅等助剂，增加药剂附着率。

（3）推进专业化防治，提升农药应用水平　通过组织农作物病虫害专业化统防统治，提高病虫害防治技术到位率，将机械种植保护代替传统农业喷洒作业，用技术推动农业专业化、机械化发展。降低农药使用量，减少盲目用药，保障农产品质量安全，提高防治效益。应用高效的新型施药器械，采用机械节药技术，对作物进行集体精确喷雾作业，减少传统农药使用过程中药雾易飘落分散的特点，提高农药的利用率。

Q5 现今农村耕地污染严重，有哪些修复办法？

（1）微生物修复　微生物修复就是利用微生物将土壤中的污染物降解或转化为无害的小分子化合物或二氧化碳和水的过程，以此降低土壤重金属的吸收并修复被污染的土壤。

优点：成本低，操作简单且无二次污染。

缺点：受环境因素的制约且对污染物的针对性较强。如果微生物超出耐受范围，修复终止。

（2）动物修复　动物修复主要是通过土壤动物群对土壤污染物的吸收、分解和转化作用，改善土壤理化性质，提高土壤肥力，如蚯蚓、线虫等。

优点：成本低，对土壤的生态特性影响较小，应用范围广。

缺点：修复时间长，修复效果取决于动物对周围环境的适应性。

（3）植物修复　植物修复是指利用植物的吸收、降解、根滤、稳定等作用机理，使污染物固定或将污染物转化为毒性较低的化学形态，减轻其危害性。

优点：成本低，不破坏场地结构，无二次污染，美化环境等。

缺点：时间长，受外界环境影响大，能用于植物修复的植物种类单一，难以满足当前较多的污染类型。

（4）物理修复　换土/焚烧法：将污染的土壤用大型工程机械挖出，从未污染地区就近挖取干净土壤，填入该地区；将挖出的污染土壤进一步处理，如焚烧，去除污染物，再填入未污染地区。

优点：效率高，适用广泛，操作简单，我国短期市场前景较好。

缺点：高成本，高耗能，容易破坏土壤内部生态结构且易造成二次污染。

秸秆对水体和空气环境的影响

随着农村家庭生活水平的提高，农村能源结构的改善，越来越多的家庭开始使用液化石油气和电磁炉，即使是仍用明火做饭的家庭，也因为有了更多可获得的易燃燃料而不再使用秸秆作为取暖做饭的燃料；同时农村饲养牲畜的减少，使得秸秆用作饲料的量也大大减少，因此大量的秸秆被闲置下来。由于农民对秸秆焚烧危害性认识不足，出于对人力、物力、财力的考量，多数农民处理秸秆会选择 3 种方式：一是直接焚烧；二是将秸秆推入河道；三是随意堆放在村间各处。

Q1 秸秆焚烧会产生哪些危害？

秸秆焚烧后生成的草木灰可作为下次种植的植物肥料，这种古老的利用方式看似既解决了秸秆这种农作物废弃物的堆积，又给土壤增加了肥料，是一个两全其美的办法，实则不然。

（1）产生有害气体，危害人体健康 秸秆焚烧会产生超标的有害物质（二氧化碳、二氧化硫、二氧化氮、可吸入颗粒物），对大气环境造成严重的污染。二氧化碳的大量增加会引起温室效应，使全球变暖更严重；二氧化氮和二氧化硫会形成酸雨和酸雾，使土壤和水分酸化，从而影响作物的生长；超过一定浓度的可吸入颗粒物会使人感到不适，甚至引发呼吸道疾病，危害人体健康。焚烧秸秆会产生大量 PM2.5，而 PM2.5 粒径小、活性强、面积大、易附带重金属和微生物等有毒、有害物质，又因在大气中的输送距离远、停留时间长，因而对人体健康和大气环境质量的影响大。据不完全统计，全球每年约 210 万人死于 PM2.5 等颗粒物浓度上升。PM2.5 不仅会引发呼吸道疾病，还会影响交通，航空尤甚。

（2）干扰交通运输，打乱生活秩序　秸秆焚烧产生的大量烟雾也是形成持续雾霾天气的重要原因，烟雾会使空气的能见度降低，加重交通堵塞，增加道路交通事故的发生率。严重时还会影响航空安全，使得机场关闭，飞机被迫改降，造成机场旅客滞留。这都直接影响了民航、铁路、高速公路的正常运营。在这样的雾霾天里，学校停课、工厂限产，也给人们的日常出行和户外工作带来不便。

（3）降低土壤肥力，减少耕地水分　焚烧秸秆并不会如预期那般增加土壤肥力，反而会导致耕地更加贫瘠。秸秆焚烧后，除了钾元素等部分物质得以保留外，其含有的硫、氮等元素大部分转化为挥发性颗粒或物质而进入大气，营养元素损失严重，仅有少量微量元素得以保留，非常不利于土壤培肥。焚烧秸秆使得土壤水分流失严重，破坏土地耕作能力。相关实验研究表明，秸秆焚烧会导致土壤水分流失，最高达 80%。这种破坏对于北方的旱作农业区来说，尤其是缺水地区无疑是毁灭性的破坏。

（4）破坏生态循环，影响作物生长　焚烧使得土壤表面温度急剧升高，导致土壤表面的微生物群被破坏，有益菌被烧死，土壤的自然生态循环系统遭到破坏。同时，有机质在高温中被矿化，会破坏土壤结构，造成农田土壤板结，使得农作物根系的可吸收范围减少，导致土壤的保肥能力、保水能力和通透性下降，不利于作物的生长，甚至会导致作物的减产。

农民的受教育程度低，想通过焚烧秸秆的方法防治病虫害，结果往往适得其反。其实，人为地杀虫就像是一次自然选择，在当时看似得到了想要的效果，使害虫和杂草大大减少。然而，存活下来的是生命力更加旺盛的，长期如此并不会得到预期效果，反而会使害虫、杂草越来越多。所以，病虫害还是要依靠合理利用农药及其他生物防治方法来防治。

（5）造成火灾隐患　秸秆焚烧，极易引燃周围的易燃物，尤其是在村庄附近，一旦引发火灾，后果将不堪设想。

综上所述，焚烧秸秆的这种处理方法，不但污染大气环境、危害人体健康，而且会造成农作物减产等。近些年来，我国开始加大对焚烧秸秆的打击力度。所以，应该让农民了解焚烧秸秆带来的危害，并且系统指导农民如何高效、环保地利用秸秆。

Q2　秸秆推入河道会产生哪些危害？

堆积在河道的秸秆在汛期来临时会拥堵河道，阻碍河道沟渠的行水，严重影响河道泄洪，使得发生洪涝灾害时河道形同虚设，同时也会给政府的防汛抗旱工作增加清理疏通河道的负担。

若秸秆堵住桥洞，水位不断上升会使庄稼被淹没，影响作物生长甚至造成减产，灾情严重时甚至会损毁道路和桥梁，给人民带来不必要的经济损失。

另外，秸秆长期泡在水里会腐烂，会对水质造成污染。在秸秆的自然分解过程中，秸秆向水环境排放氮、磷等物质，造成了农业面源污染，降低了生态环境质量。其污染途径主要是在雨季通过地表径流加剧水体的富营养化。

Q3　秸秆随意堆放在村间各处会产生哪些危害？

不少村民将秸秆随意堆放在田间地头、房前屋后，不仅占用空间影响村容村貌，而且会对居民的生活卫生产生不利影响。若遇到未熄灭的烟头，秸秆极易引燃周围的易燃物，如果火势蔓延引发麦田大火，往往很难控制，危及村民的财产安全，造成经济损失。

有些农民为图便利就把秸秆直接铺在临近田间的公路上，影响路容路貌，给道路行车安全造成隐患。若秸秆被卷入车体，甚至会引起火灾烧毁汽车。

更有甚者将废弃秸秆堆积于铁路高架桥下，遇到夏季高温天气，秸秆堆放在一起不透风不通气，易发酵自燃，会危及高铁线缆的安全。

这些隐患都是因为秸秆的不规范堆积带来的，贪图一时的便利只会带来不可估量的后果。

Q4 秸秆综合利用技术有哪些？

（1）秸秆还田技术

①直接还田　直接还田的方法有两种：一是机械化翻压还田，二是机械化覆盖还田。这是农村较为常见的做法。用机械将秸秆打碎，耕作时机械深翻土壤以掩埋粉碎后的秸秆，或直接将粉碎的秸秆覆盖于耕地之上，这样可以增强土壤中微生物的活性，再利用土壤中的微生物将秸秆腐化分解，提高土壤肥力，改善土壤质量。

②堆沤还田　堆沤还田是另一种秸秆还田的有效方法，可分为有氧和厌氧两种不同的方式。两种方式的不同主要是对氧气的需求不同。具体做法：将秸秆粉碎后，再用水把秸秆弄湿，含水量控制在70%左右，然后掺进已腐熟的人畜粪便或有机肥，用泥浆密封让其发酵变质腐烂，15天之后肥料即可腐熟成高质量的有机肥，最后施于田间。

③过腹还田　过腹还田是将秸秆通过青贮（利用秸秆上大量附着的乳酸菌，在厌氧环境下产生大量乳酸，从而达到酸贮饲料的目的）、微贮（厌氧条件下，通过加入木质素、纤维素发酵剂等

物质，促进秸秆中影响口感的纤维素、半纤维素和木质素的分解，使之改善口感，并且容易被牲畜消化）、氨化（氨化可提高秸秆中粗蛋白、干物质、粗纤维、有机物的体内消化率）等技术处理，使秸秆成为口感性好、易于家畜消化的优质饲料。牲畜食用之后会吸收秸秆中有益于自身生长的养分，没用的部分便会转化成粪便和尿液排出体外施于土壤。简单来说，就是利用牲畜对饲料的消化和排泄，将秸秆从饲料转化成可用作施肥的肥料，这不仅可以为牲畜提供廉价的饲料原料，充分利用了资源，还促进了生态农业的良性循环。

④废渣还田　作为一种生物质热能气化技术，"秸秆气化、废渣还田"是指秸秆气化后，其生成的可燃性气体可作为农村生活能源集中供气，而废渣经处理可作为肥料还田。秸秆经不完全燃烧后，变成保留养分的草木灰，可作为肥料还田。在经过净化工序以后，秸秆经热解气化产出的气体，不仅可以为村镇或居民小区提供生活用气，也可以为工业锅炉的生产制造提供燃气之需。

（2）秸秆沼气技术　作为有机物质，稻草、秸秆等是制取沼气的好材料。但秸秆的分解速度缓慢，因此进行沼气化前要进行预处理，即将秸秆粉碎并用适量的水润湿即可。利用沼气设备，在一定的温度、水分、酸碱度及厌氧的环境条件下，将秸秆分解并产生可燃气体，可以是全秸秆发酵，也可以是粪便混合发酵。利用秸秆产生的沼气进行做饭和照明，沼渣和沼液可以作为有机肥料用于还田，也可以喂猪。这有利于改善土壤结构，也可帮助土壤保水保肥。秸秆沼气技术将畜牧业、种植业和生活需要有机结合在一起，其节约资源的特点不仅适应了现代化农村生产发展的需求，也给农民带来不小的经济利益。

（3）秸秆固化成型技术　秸秆固化成型技术是通过机械设备

将秸秆经过碾压、粉碎等处理后形成生物质燃料。秸秆固化成型燃料一般可分为块状燃料、颗粒燃料和机制棒等产品，这样处理后的秸秆燃料具有低碳环保、易点燃、易燃烧、易储藏等优点，焚烧之后不会对环境造成污染。经过秸秆固化成型技术处理的燃料不仅可以为农村家庭做饭取暖提供燃料，还可以作为一些加工型产业的环保供热燃料。

（4）秸秆直燃发电技术　将秸秆直接焚烧可用于发电，还可以气化发电，秸秆燃烧产生的蒸汽会带动蒸汽机，继而再带动发电机工作以进行发电。每2吨秸秆的热值就相当于1吨标准煤，可见秸秆是一种很好的清洁可再生能源，而且其平均含硫量只有3.8‰，而煤的平均含硫量约达1%。在物质的再生利用过程中，秸秆焚烧排放的二氧化碳与生物质再生时吸收的二氧化碳达到碳平衡，能够达到二氧化碳零排放，对于缓解温室效应具有一定的意义。

（5）秸秆炭化技术　秸秆炭化技术指秸秆晒干粉碎后在少量通氧或隔氧的条件下，用炭化设备经过一系列加工工序，将其在亚高温或者高温环境下分解成多种产品（燃气、木焦油、炭及木醋液等）的技术。秸秆炭化技术包括机制炭技术和生物炭技术。机制炭技术又称为隔氧高温干馏技术，生物炭技术又称为亚高温缺氧热解炭化技术。两者的不同在于温度的不同、氧气含量的不同及在获得产品上的技术的不同。秸秆机制炭具有杂质少、热值高、易燃烧等特点，碳元素含量较高，每千克释放的热值可达到23～28兆焦，不仅是一种清洁型燃料，也可进一步加工做成活性炭。生物炭可以改良土壤，将树皮等农业生物废弃物在低氧情况下进行热裂解，能够吸附秸秆中的废弃污染材料，是一项先进的秸秆炭化技术。

（6）秸秆人造板材生产技术　秸秆人造板材生产技术是指经过处理的秸秆，在热压条件下形成密实而有一定刚度的板芯，并在板芯的两面覆以涂有树脂胶的特殊强韧纸板，再经热压形成的轻质板材。秸秆人造板材的生产过程可以分为3个工段：原料处理工段、成型工段和后处理工段。原料处理工段有开捆机、输送机、步进机等设备，主要是把农作物打松散，同时除去泥沙、石子及谷粒等杂质，使其成为干净合格的原料。成型工段有冲头、立式喂料器、挤压成型机和上胶装置等设备，是人造板材生产的关键工段。后处理工段有推出辊台、封边机、自动切割机、接板辊台及封口打字和切断等设备，主要完成封边和切割任务。这项技术使得我们可以选择更环保的板材，在一定程度上可以减少木材的使用，缓解木材资源的不足。

（7）秸秆生物降解材料技术　秸秆生物降解材料技术是将添加剂与超细粉碎后的秸秆在反应釜中混合在一起，进而引发一系列的化学反应，使得秸秆中的纤维具有热塑性。这种材料可以应用于片材、薄膜和注塑级的产品制造，甚至可替代塑料制品，与之不同的是这种秸秆材料具有完全生物可降解性（测试发现180天后失重率可达90%），是一种实用性很强的健康环保材料。这种技术有益于自然环境的保护，大范围推广应用后必定大大减少我国白色污染这一不利的环境现状，是一种环境友好型技术。

（8）秸秆基料化利用技术　秸秆基料化利用技术主要是利用粉碎后的秸秆与其他配料按一定比例混合作为培育食用菌的基料，分为秸秆栽培草腐菌类技术和秸秆栽培木腐菌类技术，这两种技术可以培育出不同品种的食用菌。培育过食用菌的基料在废弃后也可作为牲畜的饲料或者用于肥田。这种给农民带来经济效益的技术不仅没有浪费资源，还缓解了农民对于棉籽壳的需求。企业应结合自身生产需要，联合农户种植，大力推广秸秆基料化利用技术应用的普及，建设一批秸秆栽培食用菌生产基地，加快农业转型升级。

乡镇企业对农村环境的影响

环境与村民的健康，始终是农村经济健康发展的重要因素。回顾历史，由于工业化程度低、人口密度较小、环境容量较大，我国的污染问题并不突出。近年来，我国乡镇企业的迅猛发展，为农村的区域发展和国民经济的平稳增长作出了重大贡献，并已成为解决农村剩余劳动力的重要渠道。但乡镇企业在高速发展的同时带来了一系列问题，其中比较严重的问题毋庸置疑是环境污染问题。

Q1 乡镇企业的特点是什么？

乡镇企业是中国乡镇地区各门类、各层次、多渠道、多形式的合作企业和个体企业的统称，包括村办企业、镇办企业、乡办企业、合作经营企业及农村个体企业，具有以集体所有制为主的多种经济成分。一般而言，乡镇企业规模小，但数量很多，因而可以容纳较多的劳动力，并通过市场调节企业产品的生产和经营。乡镇企业的生产与经营活动主要涉及为农业生产服务的化肥、农机具制造、饲料加工等，以及食品、服装、造纸、纺织等农副产品加工。乡镇企业迅速发展，现已成为我国农民脱贫致富的一条道路，也是国民经济的一个重要支柱。

根据乡镇企业的实际情况，不难发现我国乡镇企业的产业结构和地理分布特点是低、转、小、散。我国乡镇企业的技术水平总体而言偏低，由此带来的污染负荷相对较高。由于起点低、起步晚，技术水平和管理水平更低。中西部地区乡镇污染水平也比东部地区明显要高。同时，产业转移过程中带来的环境污染呈快速增长趋势。目前，随着沿海发达地区的产业转移、升级换代及我国城市化进程的加快，大批落后、污染严重的水泥、造纸、炼焦、化工等中小企业难以为继，出现向内地、城郊接合部及农村蔓延和转移的趋势，严重影响了乡镇地区群众的社会稳定和生产生活，对乡镇地区生态环境有着较大威胁，破坏了农村经济的可持续发展。乡镇企业的规模较小，分布较分散，但数量较多。

Q2 乡镇企业导致农村环境污染的原因有哪些？

（1）受经济利益驱使　企业若购买环保设施，则投入大量资金，这必然使生产成本增加，经营利润减少，这是企业不愿意看到的。而在我国，企业经营者尤其是乡镇企业的经营者认为发展经济与保护环境不能同时兼得，企业的一切行为都应以营利为目标，而环境保护是政府和社会的责任。

（2）企业数量众多、布局分散　遍布全国的乡镇企业一般来说是中小工业企业，甚至有的是家庭手工作坊式生产。整体上看，乡镇企业的技术水平较低，具有"高能耗、高物耗、高污染、低产出"的特点，同时缺乏"三废"处理设施，并且乡镇企业的从业人员环境保护意识薄弱。

（3）环保机制不完善　目前我国的环保投入还不足，历史上欠下的账还很多，导致了我国污染治理市场化机制的发展很慢，污染成本内部化。除此之外，环境管理的体制尚未健全，对污染的管理能力弱，环境科技发展相对落后等。同时，我国固有的人情观念和地方保护主义是环境执法力度不严的根源。具体表现在4个方面：一是把关新建项目不严，环境影响评价制度形同虚设，使得许多重污染项目在其中浑水摸鱼；二是对督查打击污染不力，超标排污现象比较普遍；三是行政处罚不规范，随意性大；四是环境环保违法行为的处罚手段不够强硬。

（4）公众环保意识较低　广大农民由于受知识水平和经济条件的制约，环保意识较薄弱，对环境污染的潜在危害的认识比较模糊。近年来人们生活水平不断提高，基本的温饱问题得以解决后，许多农民逐步认识到了环境的重要性，开始主动反对企业的排污行为。然而一些欠发达地区，因家庭经济条件的限制、当地基层政府对企业的扶持、亲友在企业工作等原因的制约，执法人员往往对企业的排污行为持默认态度。同时，还存在部分污染企业对受害人进行一些经济赔偿来掩盖污染产生的矛盾的现象。

Q3 乡镇企业导致环境污染的治理措施有哪些？

根据乡镇企业导致环境污染的原因，采取对症下药的方式治理污染，对症下药也是我们建设美丽乡村路上的必经之路。一是加强乡镇环境保护基本制度和基础体系建设；二是落实责任，加强领导和对乡镇环境污染的监管；三是合理布局、科学管理，加强乡镇企业的统筹规划；四是促进乡镇企业的产业升级，提高技术水平；五是增加资金投入，加强对农村环境的综合管理和整治力度；六是提高乡镇地区环保准入门槛，防止污染企业向乡镇地区转移；七是积极探索乡镇地区工业污染防治的新模式、新方法；八是加强环保法制宣传，提高乡镇地区环保意识。

针对农村工业金属污染，最有效的办法是土壤置换，然而土壤置换投资大、成本高，所以对农民来说是不可行的。因此对重金属污染治理不能抱有先污染、后治理的幻想，必须从源头上防控重金属污染。另外，重金属污染企业须集中布局。遍地开花式分布既污染大量耕地，也不利于重金属污染的治理。因此，污染企业要进入特定工业园区，减少占用耕地，同时发挥工业园区在环境监管和治理方面的规模优势。同时，企业要通过治污革新技术工艺减少重金属污染物的排放。

　　乡镇企业是国家经济运行重要的组成部分，它的平稳快速增长直接牵动着乡村经济的运行。近年来，在党中央的正确领导下，我国乡镇企业已经取得了辉煌的成就。但环境保护之路，重在责任，重在持久。

农村生活垃圾的处理问题

在生态文明建设被写入党的十八大报告以后，国家与人民就大力着眼于保护环境与促进国民经济发展的进程中，"十三五"规划也再次强调了生态文明建设的重要性。以前，农村经济的相对落后且消费结构单一、人口居住较分散，因而各家各户所产生的垃圾总量较少、种类单一，并且农村家庭大多有把厨余垃圾用来喂养牲畜等传统生活习惯，所以农村垃圾处理问题并没有得到应有的重视。但是，在农村城镇化的过程中伴随着农村经济的发展，原有的处理农村垃圾的方法，已经不足以解决日益增多的垃圾，农村生活垃圾生产与处理的问题也渐渐显露出来。为了实现中国梦，建设美丽乡村，全面振兴乡村，解决农村生活垃圾问题成为当务之急。

Q1 农村生活垃圾的现状如何？

农村生活垃圾指农村人口在日常生活中或为日常生活提供服务的活动中产生的固体废物，以及法律、行政法规规定视为生活垃圾的固体废物，包括：厨余垃圾等有机垃圾，纸类、塑料、金属、玻璃、织物等可回收废品，砖石、灰渣等不可回收垃圾，农药包装废弃物、日用电子产品、废油漆、废灯管、废日用化学品和过期药品等危险废物。

农村生活垃圾组分与城市生活垃圾相比相对简单。然而，正是这种简单的组成在农村经济发展与深化城镇化进程的今天才导致了问题的出现。众所周知，生活水平受经济因素影响，在消费水平较低、购买力有限的时期，每家每户的垃圾产量低。农户家庭垃圾的主要来源是生活垃圾，2017 年，全国农村 1 年的生活垃圾量约 1.8 亿吨，农村人均生活垃圾量约为 0.8 千克／天，有些经济发展相对较好的村落人均生活垃圾产量可能会更高。如此计算下来，1 年的生活垃圾量也远超当年的 3 亿吨。其实，只需上网搜索就会发现大量的"垃圾围村"现象，这反映了村民的生活垃圾生产量较原来相比明显增多，并且按照原有的处理垃圾的方式根本无法消化。同时由于意识问题、垃圾回收处理机制等，村民选择丢弃垃圾在村子周围，这势必会造成环境污染。

除了生活必需品以外，受季节、天气、居民的流动程度等影响，生活垃圾的产生量也在变化。农村每家的生活垃圾组分一般大致相同，但是受家庭条件、家庭结构等影响，各组分所占比例不同。农村生活垃圾的热值较高，含水率较低，易腐有机垃圾含量较高。在农村，由于居民大多注重时令、节日，每逢过节之际各家各户便为了庆祝而准备丰盛的食物，这是一种非常普遍的现象。但是，这样囤积食物而缺乏必要的贮藏与保存手段，物品的腐败与变质就在所难免。所以每逢假日过后，垃圾的产量会有所增加，若此时处理不及时，腐败变质的食物就会滋生蚊虫，对生命安全造成威胁。

面对越来越严重的电子垃圾，我国正面临电子垃圾爆发期。据统计，我国每年平均报废电冰箱 400 万台、电视机 500 万台、洗衣机 600 万台，此外我国还有近 500 万台电脑、上千万部手机进入淘汰期。已经废旧或者不能使用的电子产品都属于电子垃圾。电子垃圾含有大量的有毒有害物质，是一种隐藏的杀手，随时散发可能对人体有危害的物质。电子垃圾已经成为我国数量增长最快的一种固体垃圾，如果处理不当，将对环境产生非常严重的危害。

在人口老龄化日趋严重的今天，农村中大多数都是空巢老人及留守儿童，这样失衡的家庭结构为垃圾处理埋下了隐患。因为老人缺乏垃圾分类及正确处理垃圾的观念，在教育小孩子时便没有这种环保意识。教育的缺失是垃圾处理及环境保护方面的重大漏洞。

Q2 农村生活垃圾会产生哪些危害？

（1）有机垃圾 厨余垃圾占有机垃圾的比重较大，其特点是极易腐败、含水量高、处理难度大、易造成环境污染。尤其在农村地区，由于种种原因未被处理的厨余垃圾被随意丢弃，成了蚊虫的乐园，而且产生的气体、液体会污染大气、水源和附近的土壤。这无论对环境还是对人身健康都会造成极大危害。

（2）可回收垃圾 可回收垃圾就是可以再生循环的垃圾，主要包括废纸、塑料、玻璃、金属和布料。废纸主要包括报纸、杂志、图书、各种包装纸、办公用纸、纸盒等，但是纸巾和卫生用纸由于水溶性太强不可回收；塑料主要包括各种塑料袋、塑料包装物、一次性塑料餐盒和餐具、牙刷、杯子、矿泉水瓶等；玻璃主要包括各种玻璃瓶、碎玻璃片、镜子、灯泡等；金属主要包括易拉罐、金属罐头盒等；布料主要包括废弃衣服、毛巾、书包、布鞋等。针对可回收垃圾，要进行分类处理，及时回收。若随意直接丢弃可回收垃圾，不仅会浪费社会资源，还会污染环境。例如，农村处理电池的方式是直接丢弃。电池中含有汞、镉、铅等有毒物质，会污染土壤和水源，不利于土地的利用和人身安全。此外，废旧电池无法有效回收也是对资源的浪费。有资料显示，3 000 吨电池可以回收杂锌锭 141 吨、冶金二氧化锰 300 吨、铁皮260 吨、电解锌 181 吨、电解二氧化锰 340 吨，这些不可再生的矿产资源，若能加以利用，将是一笔无比珍贵的财富，对于缓解我国资源相对较匮乏问题和庞大的国内需求具有重要意义。

（3）不可回收垃圾　对于砖石、灰渣等不可回收的垃圾，一定要选用合理的方法及时处理，以防阻塞交通、影响村容村貌。例如，处理不可回收垃圾，可采取卫生填埋的方法，以有效减少对地下水、地表水、土壤及空气的污染。

此外，还有一些会对人体或环境造成直接或潜在危害的物质，主要包括医疗垃圾、含辐射性废弃物、过期药品、农药、废日用化学品、废水银温度计、腐蚀性洗涤剂等。这些垃圾包含有毒或有辐射性等危害人体健康的物质，需要针对具体类别进行相应的特殊处理。

Q3　农村生活垃圾的处理方法有哪些？

处理生活垃圾的基本方法有 3 种：卫生填埋、高温堆肥和焚烧，但是每种处理方法都有其自身的局限性。

（1）卫生填埋　卫生填埋是指在卫生填埋场对垃圾进行填埋处置。

卫生填埋采取直接填埋垃圾的方式去处理，使得垃圾在原有的体积下没有任何缩减，这就要求卫生填埋法在实施过程中要占有足够大的场地，而我国的土地资源仍十分紧缺。卫生填埋的垃圾是没有经过无害化处理的，而生活垃圾包含种类多样，从滋生大量细菌、病毒的厨余垃圾，再到废旧电池等电子产品中的重金属，这些暗藏的污染隐患都被深埋地下污染土壤。在我国，生活垃圾的含水量大约在 60%，某些地区会更高，这是由我国的饮食习惯决定的。在含水量如此之高的情况下，采取填埋处理，垃圾中的水分通过渗透势必会污染到地下水，从而造成又一安全隐患。因此，对于填埋法，填埋场的选址是一个难题，既要考虑地形、地质等条件，又要防止各种污染物的渗透造成二次污染，还要远离居民生活区。

（2）高温堆肥　利用各种植物残体（作物秸秆、树叶、泥炭、杂草、垃圾等废弃物）作为主要原料，混合人畜粪尿，经堆制腐解而成的有机肥料就是堆肥。堆肥所含营养物质更为丰富，肥效长而稳定，同时有利于促进土壤固粒结构的形成，能增加土壤保水、保温、透气、保肥的能力，可弥补长期使用化肥的缺陷。高温堆肥还能够有效减小垃圾的体积。

这种方法看似绿色环保可以使用，但是对垃圾分类要求高，并不符合我国农村的现状。同时，这种混合垃圾富含各种无法被降解的杂质，需要对回收的垃圾进行二次分拣，无形之中增加了堆肥的生产成本。此外，在高温堆肥分解的过程中会产生臭味，易造成大气污染。高温堆肥生产缺乏连续性，每次堆肥都需要一定的时间，然而生活垃圾却每天都在产出，因而堆肥法也并不足以解决农村生活垃圾问题。

（3）焚烧　垃圾处理的主要方法之一便是垃圾焚烧法。用焚烧法处理垃圾，垃圾能实现减量化，节约用地；同时能消灭各种病原体，将有害物转化为无害物。科学的垃圾焚烧炉都配有良好的烟尘净化装置，对大气的污染能够大大减轻。

焚烧垃圾对于垃圾本身有十分严格的要求，要求进行精细的垃圾分拣程序，挑拣出那些热量低、含水率高及禁止燃烧的物品。焚烧选址需要考虑诸多因素，如要远离居民区、位于生产生活区的下风向等。最重要的一点是焚烧垃圾对于污染物的处理要求高，在垃圾焚烧中产生的有害气体二噁英，极易在人体内堆积威胁到人身健康，而且焚烧过程中产生的其他气体即使经过处理，也并不能完全过滤掉杂质，长此以往污染大气是必然的。

除了以上 3 种处理垃圾的基本方法外，回收综合利用法在日常生活中屡见不鲜。综合利用这种绿色环保的垃圾处理理念，被大多数国家所认同，因为它从垃圾产生的根源上解决了这一问题，减少了垃圾的制造和排放。

Q4 农村居民应如何解决生活垃圾处理问题？

（1）行为上　农村生活垃圾之所以大多属于厨余垃圾，是因为购买了过多的食物而没有进行合理储存。所以，尽可能地减少对食物的购买量，或者找到正确的食物储藏办法以防止腐败变质，这样就会大大降低丢弃、浪费食物的概率。管理好自身行为，在扔垃圾前进行分类，以方便处理不同种类垃圾，降低处理成本。不焚烧垃圾，减少对大气的污染。如果村民能从自身的一点一滴做起，相信农村生活垃圾处理不再是一件难事。

（2）思想上　思想对人的行为具有导向作用。农村生活垃圾，不是靠一个人注重环保就可以了，它需要的是全村居民都具有环保意识，共同参与到保护环境中。但是实际上村民一般严重缺乏环保意识，随意丢弃垃圾。村民的整体环保意识差，成为制约农村生活垃圾处理的关键因素。要想从根本上解决农村生活垃圾，就是要使每个人都树立正确的环保意识，具备环保知识，树立正确的价值观。农村居民应通过政府的知识宣传、教育、个人学习等方法，树立环保意识，掌握科学的垃圾处理方法等。

农村生活污水的处理问题

八

　　我国是一个严重缺水的国家。我国的淡水资源总量为 28 000 亿立方米，占全球水资源的 6%，居世界第四位。但是，据 2016 年数据表明，我国人口已经达到 13.8 亿，庞大的人口压力使得我国人均水资源使用量只有 2 300 立方米，仅为世界平均水平的 1/4，是全球人均水资源最贫乏的国家之一。

　　然而，中国又是世界上用水量最多的国家。据中华人民共和国水利部《2015 年中国水资源公报》表明，2015 年全国用水消耗总量达 3 217 亿立方米，耗水率（消耗总量占用水总量的百分比）达 52.7%。各类用户耗水率差别较大，农业为 64.3%，工业为 23.2%，生活为 41.9%，人工生态环境补水为 80.8%。2015 年全国废污水排放总量为 770 亿吨。

　　伴随着我国农村生活水平的不断提高，农村生活污水引起的环境污染日趋严重。目前，我国农村生活污水排放量每年约为 80 亿~ 90 亿吨，且正在不断增加，但处理情况却不容乐观。绝大多数的村庄没有污水处理系统，生活污水处于随意排放的状态。我国农村地区水环境污染的主要原因已变成农村生活污水的随意排放。

Q1 农村生活污水有哪些来源？其危害有哪些？

　　农村生活污水的来源大致可以分为 3 类：生活类、种植类、养殖类。生活类污水是指由人类日常活动所产生的污水，如洗衣服、洗菜、清洗厨具、洗澡、厕所废水等，这类生活污水富含磷、氮等物质且含有较低的有毒有害物质及重金属。种植类污水是指在耕地活动中产生的污水，主要来源于农药、化肥的使用，这类污水富含较多有毒物质。养殖类污水是指在从事养殖过程中所产生的污水，如对养殖环境的冲洗或者是对动物粪便的简易处理，这类污水中的氨、氮含量远高于其他类废水。因此，农村生活污水的产生受到生活、土地使用方式及用水量的影响。农村生活污水的主要特点是富含氨、氮、磷等物质，所含重金属、有毒物质相对较少。污水的排放量受农村生活习惯的影响较大。

（1）生活类污水 生活类污水中由于大多混杂着易腐败的厨余垃圾，如菜叶、剩菜等需氧有机污染物，这些易腐败的有机物直接进入水体后，通过微生物的生物活动，以及一系列化学作用，最终会分解为二氧化碳、水和其他简单的无机物。这个环节看似无害，但是在分解过程中需要消耗水中的溶解氧，由于水中的溶解氧被消耗，那么生活在水中的动植物就会逐渐缺氧直至死亡。随后会在水中缺氧的条件下，产生新一轮的污染物腐败分解过程，恶化水质。农村排放的生活污水中含有的需氧有机物越多，耗氧也越多，水质也越差，水体污染越严重。

此外，人类活动如洗衣服产生的污水会使水体酸碱度发生变化。水体酸碱度的微小变化就会破坏水体的生态环境，消灭或抑制某些微生物的生长，大大削弱水体自净功能。如果酸碱度变化过大还会对桥梁、船舶、渔具等产生腐蚀作用而减少使用寿命，并且酸碱很有可能在水体中产生化学反应，从而生成某些盐类物质。这看似是酸碱中和，但是由此化学反应产生的各种盐类，又会成为水体的新污染物。水体中无论是酸、碱、盐任何一种物质增长，对淡水中的生物生长都会产生不良影响。如果水中的酸碱度失衡，还会降低土壤质量造成土地盐碱化。盐类的产生也会导致地下水硬度升高（水硬度是指地下水中钙、镁离子的总浓度）。如果水的硬度过高会引起多方面的危害，主要表现为引起消化道功能紊乱、腹泻、孕畜流产等。水硬度过高对人类生活也极为不便。硬度高的水不仅难喝，而且在烧水过程中极易形成水垢，缩短水壶的使用寿命。对硬水进行软化处理，不但投入成本高而且容易形成恶性循环。

（2）种植类污水　种植类污水中富含氮、磷、钾，这类污水的排放会造成水体富营养化污染（一种氮、磷等植物营养物质含量过多所引起的水质污染现象）。富营养化会使水体中微生物、植物群落大量激增，从而消耗水中的氧气，进而严重威胁水体中动植物的安全。

（3）养殖类污水　在农村，养殖类污水的随意排放极易导致病原微生物污染，这种污染造成的后果是十分严重的。因为病原微生物具有数量大、分布广、存活时间较长、繁殖速度快、易产生抗性、很难消灭等特点，如果仍按照传统的污水处理方法对如今的生活污水进行加氯消毒处理的话，某些病原微生物或者病毒仍能存活，由其导致的危险性极大。此类病原微生物污染物能够通过多种途径进入人体，并在人体内生存、繁殖，从而引发人体不适，进而导致生成疾病，威胁人的身体健康。

农村生活污水会产生恶臭。恶臭是源于水体中污染物分解产生的有害气体，如氨类、醛类、硫化氢等有害物质。人的嗅觉十分灵敏，能嗅出多达几千种气味，而这些难闻气味会造成各种各样的危害：恶臭的出现不仅会妨碍人体正常的呼吸功能，还会使消化功能减退，也会导致精神烦躁不安，大大降低工作效率及判断力、记忆力。如果长期在恶臭环境中工作和生活，会对嗅觉产生不可逆的损害，而且会损伤中枢神经。恶臭水体不能用来游泳、养鱼、饮用，同时还会影响某些产品尤其是水产品的食用、销售，不但破坏了水体的使用价值，而且这些有害物质对生物有机体的危害巨大。

Q2 农村生活污水处理技术有哪些？

由于生活污水处理系统投资运行费用高，目前我国只有小于10%的农村污水进行了收集处理。费用高的根源在于我国农户居住分散、地基高低不平、污水水质水量变化系数大等因素。

目前，在农村生活污水处理技术上，国内采用的方法各不相同，从工艺原理上大致可归为两类：第一类是生物处理系统，又可分为好氧生物处理和厌氧生物处理；第二类是自然处理系统，又称为生态处理系统，利用了土壤过滤、植物吸收和微生物分解的原理。

（1）好氧生物处理系统 好氧生物处理系统是利用好氧微生物（包括兼性微生物）在有氧气存在的条件下进行生物代谢以降解有机物，使其稳定、无害化的处理方法。这种方法是利用氧气培养污水中的微生物，使之把污水中的有机物分解为二氧化碳、水等物质，而剩余的物质以污泥的形式排出，从而使污水得以净化排放。

（2）厌氧生物处理系统 厌氧生物处理系统是利用厌氧条件使污水中的有机物被分解，从而转化为乙酸和甲烷、二氧化碳等气体进行回收利用。这种方法适用于生活类、养殖类污水，因为里面富含高浓度的有机物，而且经过检测，用此种方法产生的污泥率小，适合农村生活污水的处理。

（3）湿地处理系统 湿地处理系统分为自然湿地处理系统和人工湿地处理系统。自然湿地是指天然的沼泽地，人工湿地是指由人选择并制造的仿湿地环境。湿地污水处理技术，是仿照并利用自然生态原理，使之可以处理大量污水的新技术，即把原有的生活污水经过引导过滤大残渣后，排放到有沼泽植物生长的土地上，经过多层过滤，同时利用微生物的作用，达到降解污染、净化水质的目的。它充分利用了地下栖息的植物、微生物、植物根系，将污水净化的天然处理与人工处理相结合。

（4）地下土壤渗滤净化系统 地下土壤渗滤净化系统，常被用于地广人稀的地区。它是利用自然生态原理，通过科学的计算而发明的一种新型小规模污水净化技术。这种方法是将污水经过计算后定量排放到一定构造、距地面有一定深度并且扩散性能良好的土层中。因此排放的污水会按次序流下，而后向附近土层中扩散。土壤中含有大量微生物，而且流经植物的根系区，因而污水中的污染物质能更加顺利地被过滤、吸附、降解。

以上处理方法虽然对于保护环境有些好处，但是也具有一些局限性。目前好氧、厌氧生物法在技术上还存在一些问题，它们主要利用微生物在污水中的活动来处理水中的有机物质，但是这两类微生物对污水中的酸碱度、处理温度、毒性都有极其严格的要求，而且表现为氮、磷去除率很低，尤其在处理污水过程中所排放的恶臭气体，污染大气、损害身体健康，得不偿失。因此在一定程度上限制了其运用。地下土壤渗滤净化系统，在早些年还适用于农村生活污水的处理，但是在近几年，随着党和国家推进"三农"政策、加快城镇化的步伐和全面实现小康社会等种种举措的实施，农村人口增多、农村经济得到长足发展，农民的物质生活和精神生活急速提升。因而这一方法已经不适合当今农村的社会情况，而且这种方法还存在结构单一、脱氮效果差、运行不稳定、土壤孔隙易堵塞等问题。

在实际操作中，上述方法都能在一定程度上较为有效地解决农村生活污水治理难题，但在现实生活的运用中要综合考虑建设与运行成本等诸多情况，要根据实际情况加以选择。

Q3 农村居民应如何解决生活污水处理问题？

农村居民应该认识到保护水资源与自身利益息息相关：从自身利益角度出发，减少生活污水排放及其他水污染行为，从而使土地利用程度提高、农作物增产；从自身健康角度出发，保护水资源有利于减少对地下水的污染和潜在致病细菌的滋生，保障了自身健康安全；从人类角度出发，水资源是有限的资源，要为后世的人类保护好水资源。此外，农村居民要树立正确的环保意识，并用其指导生产、生活，使得环保意识扎根在心中，在潜移默化中促进农村水资源的保护工作。

Q4 面对河道、水库、池塘环境的日益恶化，有哪些措施可对其进行挽救？

（1）引水稀释　引水稀释就是通过工程调水对污染水体进行稀释，使水体在短时间内达到相应的水质标准。该方法既可以引入清水稀释河水，降低污染物浓度，也可以调活水体，激活水流，增加流速，提高河水的复氧、自净能力，加快污染物的降解，从而达到净化水质的目的。

（2）使用底泥疏浚　底泥疏浚是指对整条或局部沉积严重的河段、湖泊进行疏浚、清淤，降低底泥中的氮、磷和有毒、有害物质，使河段、湖泊水质得到改善，同时提高河段、湖泊的过水能力和挟沙能力，恢复其正常功能。需要注意的是，底泥清污的成本较高，疏浚后的底泥要进行处理，且不能从根本上解决问题，控制外源污染才是关键。

（3）建造河道缓冲区　河水与陆地交界处的两边是河流的缓冲区，是许多动植物生存的地带。为保护河流生态系统的结构和功能，可在河岸建立缓冲区，例如建造湿地、森林缓冲带等，使得截污、治污措施行之有效。缓冲区采取乔、灌、草相结合的植物群落结构，选择以本土植物为主的植物搭配。应充分保留滨水区水生植物，根据不同水深布置水生植物，在河滨带和洲滩湿地优先选择具有净化水体作用的水生植物。

农村"厕所革命"

厕所是衡量文明的重要标志，改善厕所卫生状况直接关系到人民的健康和环境状况。农村"厕所革命"，不仅写进了政府工作报告，而且是重点办理的民生实事之一，受到社会各界的高度关注和热议。

Q1 为什么要进行农村"厕所革命"？

"厕所革命"是对传统观念、传统生活方式、环境建设的深刻革命，是推进农村生态文明建设的必然选择。在农村地区，由于生活习惯、思想观念、经济和自然条件等多种因素的影响，农村家庭使用的厕所普遍比较简陋。说起农村厕所，大多数人的第一感受是又脏又臭。有些农村厕所就是几捆玉米秆围起一个摇摇欲坠的棚子，有些是在自家院墙外面用土坯或碎石块堆一个厕所、有的两块青石一搭便是厕所。先憋上大大一口气，然后捏着鼻子，小心翼翼找一个合适的地方，这是许多并不长期居住在农村的人员在农村如厕的必选动作。

简陋的厕所不仅让人如厕时感到不舒服，还污染环境，给人类带来疾病。有关报告显示，农村地区 80% 的传染病是由厕所粪便污染和饮水不卫生引起的，其中与粪便有关的传染病达 30 多种，最常见的有痢疾、霍乱、肝炎、感染性腹泻等。例如，露天的粪坑蝇蛆滋生，苍蝇作为一种病媒生物，危害、威胁着人类健康；渗漏的厕坑污染浅层地下水，粪便中的寄生虫卵、病毒、细菌在施肥过程中污染土壤及农作物，导致人类饮用水和食物被污染，并进一步导致人类感染疾病。因此，我们要对这些厕所进行改造或改建，在农村逐步普及卫生厕所。

卫生厕所，全称无害化卫生厕所，是符合卫生厕所的基本要求，具有粪便无害化处理设施、按规范进行使用管理的厕所。卫生厕所要求有墙、有顶，贮粪池不渗、不漏、密闭有盖，厕所清洁、无蝇蛆、基本无臭，粪便必须按规定清出。

Q2 农村"厕所革命"的意义是什么？

"小厕所，大民生""小厕所，大健康""小厕所，大文明""小厕所，大生态"。开展农村"厕所革命"，既有社会效益，又有经济效益。

（1）社会效益　改厕后有效控制了疾病的发生和流行，实现了从源头上预防控制疾病的发生流行，提高了健康水平；改厕后居民养成了良好的如厕习惯，健康行为得到了促进，同时提高了生活质量，农村精神文明也得到了促进和发展，可加快实现乡风文明；改厕后有力促进了农村生态环境改善，大大降低了蚊蝇密度，农村居住环境更加整洁卫生；改厕与沼气池建设、改厨、改圈相结合，有效降低了土壤和水源的污染。

（2）经济效益　农村居民疾病减少，节省了看病吃药的费用，同时也减轻了国家的医疗保障负担；农村改厕与沼气池建设、改厨、改圈相结合，节约了肥料、燃料等费用支出，取得较好的经济效益。农村环境的改善，促进了农村地区集体和个人开展经营活动和吸引外部投资，促进了地区经济的发展。

Q3 如何开展农村"厕所革命"？

（1）改变农民的传统观念　当前在我国广大农村，还有很大一部分人没有认识到"厕所革命"的重要性。在农民的传统观念中，大多认为厕所本来就是脏的、臭的，没有必要把钱投入到厕所的改建上，没有必要把厕所打扫得那么干净。因此，"厕所革命"首先是对农民传统观念的革命。这就需要基层干部和基层卫生站医生，充分利用广播、电视、横幅、标语、倡议书、互联网等多种形式，加强宣传教育，普及卫生知识，转变群众的思想观念，让农民普遍认识到厕所不卫生的危害，提高其建设卫生厕所的积极性，进而促使他们改变多年形成的不良卫生习惯，让新型厕所走进千家万户。

（2）厕所改建　开展"厕所革命"，要加强对农村厕所环境治理的规划，要对不合格的农村厕所进行改建。改建时要综合考虑排污、冬暖夏凉、具体方位、散味等因素。此外，通过厌氧发酵技术，粪便可以转变为沼气和沼肥。沼气或直接用于生活用能，或直接用于生产供暖，或作为化工原料等；沼肥可制成液肥和复合肥，可供自家使用，也可销售。

（3）加大投入　加大对农村厕所基础设施建设投入和农户厕所改造补贴力度。例如，投资建设配套的地下管网。若没有建设配套的地下管网，被抽水马桶冲走的污秽仍然留在自家的粪池里，还是需要定期清掏。马桶下的粪池只是利用发酵的原理，使污秽得以初步沉淀、分离，但之后要排向哪里，又是一个问题。因此，要建设配套的地下管网，统一对粪便进行处理和管理。同时增加农村厕所改造的补贴，有利于提高农户改造厕所的积极性，尽早实现卫生厕所的普及。特别是农村学校、幼儿园、养老院和乡镇卫生院等重点场所，其厕所卫生问题要优先解决。

（4）纳入领导考核　将农村"厕所革命"纳入城镇化和新农

村建设的重要指标,作为地方领导干部考核的重要内容之一。这样有助于促使领导干部积极落实农村厕所改造。

（5）发动社会力量　动员社会各界积极参与农村"厕所革命",不断拓宽资金筹措渠道,积极培育改厕服务市场。例如,可动员农民专业合作社到农户家清理粪池,并进行合理处理,使粪便变废为宝。

参考文献

［1］包晴. 对我国环境污染转移问题的理性思考［J］. 甘肃社会科学，2007（4）：242-245.

［2］陈方舟，吴飞龙，叶美锋，等. 养猪场粪污治理与再利用研究进展［J］. 福建农业学报，2009，24（5）：488-492.

［3］陈晓为. 谈如何畅通信访渠道［J］. 辽宁师专学报（社会科学版），2013（4）：5-6.

［4］陈玉成，杨志敏，陈庆华，等. 大中型沼气工程厌氧发酵液的后处置技术［J］. 中国沼气，2010（1）：14-20.

［5］龚德根. 大中型猪粪厌氧发酵沼气工程的管理技术［J］. 能源工程，1991（3）：43-44.

［6］姜文腾，林聪. 大中型沼气工程厌氧残留物综合利用探究［J］. 猪业科学，2008（4）：84-87.

［7］姜振华，邱志伦，何伟华，等. 农村环境污染问题的原因及对策［J］. 中国科技信息，2006（16）：30，33.

［8］雷静，杨居凤，兰英，等. 我国农村环境管理存在的问题及对策［J］. 大众科技，2009（3）：129-130.

［9］李宝珍，王一鸣，郭佩玉，等. 北京市郊农业生态环境的工程对策研究［J］. 农业工程学报，1994（4）：1-7.

［10］李国刚，曹杰山，汪志国. 我国城市生活垃圾处理处置的现状与问题［J］. 环境保护，2002（4）：35-38.

［11］李清伟，吕炳南，李慧莉，等. 猪粪好氧堆肥研究的进展［J］. 农机化研究，2007（1）：63-65，77.

［12］李玉红. 农村工业源重金属污染：现状、动因与对策——来自企业层面的证据［J］. 农业经济问题，2015（1）：59-65.

［13］刘建兵. 大中型沼气工程发展前景展望［J］. 农业工程技术（新能源产业），2013（4）：3-5.

［14］刘艳. 浅议农村环境污染现状及对策措施［J］. 石河子科技，2012（2）：4-7.

［15］刘洋，万玉秋，缪旭波，等. 关于我国环境保护垂直管理问题的探讨［J］. 环境科学与技术，2010，33（11）：201-204.

［16］倪姆娣，陈志银，程绍明. 不同填充料对猪粪好氧堆肥效果的影响［J］. 农业环境科学学报，2005（S1）：204-208.

［17］沙鲁生. 农村饮用水水源地安全保障与水污染防治［J］. 中国水利，2009（11）：26-28.

［18］宋言奇. 改革开放30年来我国的城市化历程与农村生态环境保护［J］. 苏州大学学报（哲学社会科学版），2008（6）：24-26.

［19］苏东辉，郑正，王勇，等. 农村生活污水处理技术探讨［J］. 环境科学与技术，2005，28（1）：79-81，113.

［20］孙跃跃，汪云甲. 农村固体废弃物处理现状及对策分析［J］. 农业资源与环境学报，2007，24（4）：88-90.

［21］汤仲恩，朱文玲，吴启堂. 环境条件对猪粪好氧堆肥过程的影响［J］. 生态科学，2006（5）：467-471.

［22］田宗祥. 减少规模化养猪场粪污对环境的影响及调控措施
　　　［J］. 国外畜牧学（猪与禽），2009，29（3）：79-82.

［23］万年青，乔琦，孙启宏. 我国乡镇地区工业污染现状及防治
　　　对策［J］，今日国土，2010（8）：34-37.

［24］王晓峰，陈鹏飞. 社会主义新农村污水处理设施的选择探讨
　　　［J］. 小城镇建设，2009（4）：56-58.

［25］杨晓波，奚旦立，毛艳梅. 农村垃圾问题及其治理措施探讨
　　　［J］. 农业环境与发展，2004（4）：39-41.

［26］张玲清，田宗祥. 规模化养猪场粪便污水检测及对环境的影
　　　响［J］. 中国猪业，2009，4（8）：23-24.